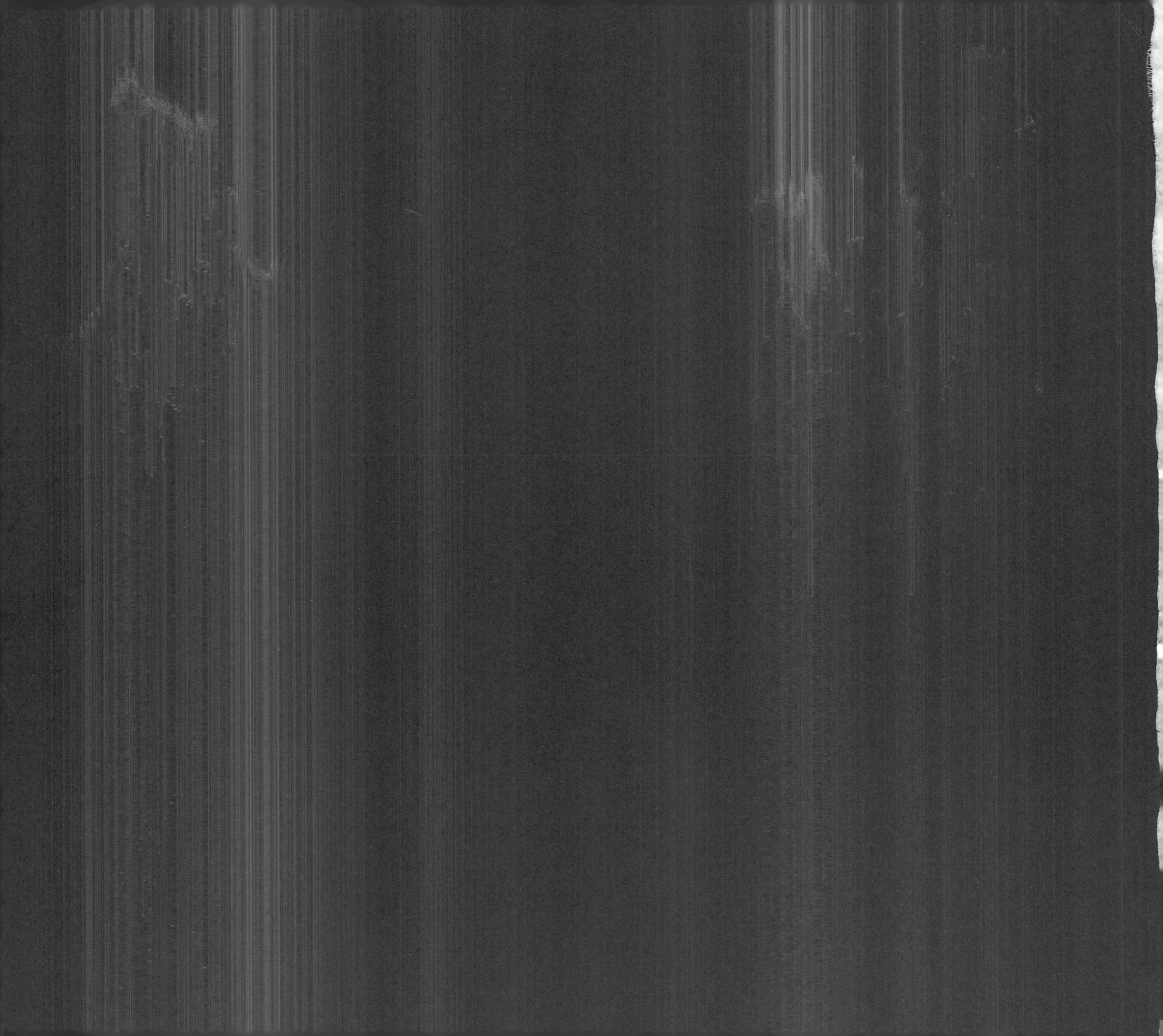

FASHION SPECTACLES
SPECTACULAR FASHION

ファッションメガネ図鑑

サイモン・マレー／ニッキー・アルブレッチェン 著

井口 智子 訳

表紙：鼈甲製の丸メガネ。イギリス製。
裏表紙：1960年代初めの、水晶製レンズの上に白黒の
ラミネーションがついた、上にカーブした魅惑的な形。
おそらくイギリス製。

1ページ：レイバンのアビエーターの50周年記念モデル。
アメリカ製。1980年代。
2ページ：フォリー・ベルジェール（パリのミュージックホール）の
ために作られた、ディアマンテのはめ込まれた羽根飾りつきの
キャットアイ。フランス製。1950年代後半。

Every effort has been made to trace the copyright holders of the images
contained in this book. Any omissions are unintentional and we would be
pleased to insert the appropriate acknowledgment in any subsequent
edition of this publication.

First published in the United Kingdom in 2012 by Thames & Hudson Ltd,
181A High Holborn, London WC1V 7QX

*Fashion Spectacles, Spectacular Fashion: Eyewear Styles and Shapes
from Vintage to 2020* copyright © 2012 Thames & Hudson Ltd, London
Text copyright © 2012 Nicky Albrechtsen
Photographs of individual glasses by Drew Gardner, primarily from the
collection of Simon Murray

All Rights Reserved. No part of this publication may be reproduced
or transmitted in any form or by any means, electronic or mechanical,
including photocopy, recording or any other information storage and
retrieval system, without prior permission in writing from the publisher.

目 次

まえがき　ファッションアクセサリーとしてのメガネ 6

はじめに　過去の歴史を振り返って 8

新しい時代　現代メガネの誕生 20

1920年代　サングラスの幕開け 32

1930年代　傑作モデルの登場 44

1940年代　女性用メガネの進歩 60

1950年代　装飾の時代 82

1960年代　アイコンの時代 119

1970年代　革新の時代 148

1980年代　洗練と奇抜 174

1990年代　近年のビンテージ 202

21世紀以降　未来的ファッション 224

写真で見るメガネ年表 234
手入れと管理 236
ビンテージメガネが見つかる場所 236
参考文献 237
索引 238

まえがき

ファッションアクセサリーとしてのメガネ

「メガネをファッションに取り入れようというアイデアは、単にメガネの
売り上げを伸ばそうとして、おもしろ半分に流行させたものではない。
メガネをかける楽しさに気づけば、もっと多くの人が
目を大切にするようになるだろうという考えに基づいたものなのだ。
メガネをかける楽しみを見出してもらうためにわれわれメガネ商が
できることは、センスと眼識をはたらかせて、フレームのデザインを
一人ひとりに合わせて選ぶことである」　**メガネ商、1933年**

20世紀中にメガネの役割は劇的に進化し、機能主体だった
ものから究極のファッションアクセサリーへと変化した。
素材や製造技術の革新に触発されて、
10年ごとに次々と新しいスタイルと装飾が生まれて
きた。現代の流行はフレームの色と形に現れていて、
1900年代初めのまだら模様のおしゃれな鼈甲から、50年代の羽根が
ついたような装飾や80年代の刺激的な色合いまで、豊かな発想が生み
出されている。現代のメガネはコンセプトが独創的で、
スタイルもさまざまになり、ビンテージデザインに見られるような凝った
装飾にそれとわかるほど影響を受けたものはなくなっている。

無数のブランド品や初期のコレクタブルアイテム、
クチュール品の中から、不朽の名作と言われるデザインがいくつか出現
している。中でも顕著な例はアビエーターで、もともとは1930年代に
パイロット用として開発されたものである。ウェイファーラーは、
1950年代から60年代にかけて爆発的な人気を得た。
ティーシェードは、ジョン・レノンがかけて有名になった丸メガネだ。

そしてジャッキー・オナシスがかけていた優雅で大きなサングラスは、
"ジャッキー・オー"として広く知れ渡った。
これらの伝説的なモデルは、現代のファッションに繰り返し取り入れられ、
初登場から数十年たっても高い需要を保っている。

成功の鍵は、すばらしいデザインと独特のスタイルの取り合わせにある。
デザインに関しては、色と形が基本の検討項目であることは言うまでも
ない。メガネは、それを使うことで顔の特徴を引き立たせたり、
個性を表したりすることができるだけでなく、新たな個性を創り出すことも
できる。肌の色を補う程度の淡い色合いが好きな人も、
自己主張するような派手な色や形が好きな人も、
どんなメガネを選ぶかで、自分がどんな人かを自然と外に伝えている。
たとえば、茶色の小さなフレームを選べば、いかにも本好きな人を連想
させるし、派手な色とユニークな形を選べば、しゃれた人という感じが出る。

メガネが初めてアクセサリーとして使われたのは、18世紀後半、
ハイカラで知られるフランスの宮廷でのことだと言われている。
視力を補うのが普通のことになってくると、裕福でハイカラな人たちは、
自分の地位や富をひけらかすために、色とりどりのエナメルや貴石などの
高価な素材を使った、凝った装飾のメガネを好んだ。
ナポレオン・ボナパルトは、近視を克服するために、手で持って使う鋏メガネ
（シザースペクタクル。柄がV字型の複玉レンズ）を使った。一方、
イギリスの上流階級の人々は、金か銀が主流の単メガネ（クイザーまたは
クイジンググラス。柄つき単玉レンズ）を好んだ。どちらのデザインも、
小さな環がついていて、ちょうどいい長さと幅の黒い絹のリボンか紐で
首にかけられるようになっており、装飾品として身につけられた。

柄つきメガネ（ローネット。柄のついた収納ケースつきオペラグラス）と片メガネ（モノクル。クイザーから進化した単玉レンズで、眼窩にはめ込んで装着）はまた、18世紀から19世紀にかけて上流階級の人々がまとうドレスのエレガントなアクセサリーとしても用いられた。片メガネはとくに、典型的なイギリス貴族の象徴になった。両者の結びつきは当時の風刺漫画に描かれてさらに強くなったが、19世紀になると、より広い層から人気を得るようになり、オックスフォード型やアリストクラット（後者は1900年あたりから登場した）などのバリエーションも生まれた。

　かける人のイメージを映し出し、ファッションの好みを表すという、メガネが持つ潜在的な可能性がこのころには認められ、受け入れられるようになった。『ニューヨーク・タイムズ』誌の記事（1883年）は、アメリカの感性すぐれた若者が実用的なメガネをいやがって、"カッコいい"片メガネ（アイグラス）をかけることを好み、人とは違った雰囲気を創り出して、自分の憧れの人の向こうを張ろうとしている様子を描いている。「メガネをかけている人の5人に4人は片メガネをかけている。メガネ（つまりツルのついたもの）をかけているのは1人だけだ。眼科医かメガネ商に相談する人のうち100人に99人は、メガネをかけるように勧められる。ところが、そのうちの5人に4人はたいていその勧めに従わない。片メガネのほうがカッコよく見えるからだ。片メガネは、何人かの"プレーボーイ"たちがかけたり、何人かの俳優たちが舞台でかけたことがきっかけで、多数の人から支持を得ることになったのだ」

　20世紀になると、有名人が使うことでメガネ人気は加速した。映画界や音楽界のスターたちの多くがメガネを自分のトレードマークにしたが、彼らの支持によってその恩恵を最も受けたのは、おそらくサングラスである。サングラスと有名人の結びつきは1920年代までさかのぼることができる。当時、俳優たちは白黒映画の舞台セットの上で、まぶしい照明から目を守るために濃い色のレンズをかけていた。アイドルたちが充血した目を隠していただけだったことも知らずに、彼らのファンはそのスタイルをすぐに取り入れた。サングラスは、スターたちの弱点を隠すだけでなく、カッコいいイメージを創り出し、ある程度のプライバシーを保つことも可能にした。

　暗色の大きなメガネは、正体を知られたくない、目を合わせたくないという気持ちを代弁してくれるし、ぴったりの形のメガネは、顔を実物以上によく見せてくれたりする。ジャック・ニコルソンいわく、「サングラスをかけるとジャック・ニコルソンになり、かけていないとただの太った60歳だ」。メガネの名作の中には、1960年代にスティーブ・マックイーンが愛用した青のペルソールも入る。ペルソールに彼の硬派でクールなイメージにぴったりだった。映画『ティファニーで朝食を』（1961年）の中でオードリー・ヘップバーンがかけていた鼈甲製の大きなフレームは、彼女という女優の奇抜でありながら洗練されたイメージを象徴するものとなった。オリバー・ゴールドスミスがこの映画の50周年を記念してヘップバーンのフレームを復刻したことで、彼女の不朽の魅力は近年また賞賛されている。

　本書で取り上げたメガネとサングラスの大半は、20世紀の最後25年間に集められたコレクションから選りすぐられたものだ。その多くは、時代物のドラマや長編映画、コマーシャルなどで使われている。それが終結した本書は、20世紀以降のメガネのファッションがどのように進歩してきたのかを表す、すばらしい記録である。

はじめに

過去の歴史を振り返って

「誰のおかげかなのかはわからないが、
ともかくレンズはこの世に生まれていた」　バスコ・ロンチ、1946年

現代のメガネは、宝石職人やガラス職人、科学者、数学者、さらには修道士に至るまで、たくさんの職人や先見の明のある人々の努力が結集してできたものである。初期のころの文献はほとんど残っていないが、これらメガネのデザインの先駆者たちは、視力を補うものとしてメガネを発明し、そして登場したこの機能的な道具を、20世紀のあいだに主要なファッションアクセサリーへと発展させる道筋を敷いた。今日、わくわくするほど素敵で多様なスタイルの中から自由にメガネを選べるのは、長年にわたってなされてきた数々の発明や改良が実を結んで、メガネが進化を遂げてきた証である。

メガネには長く豊かな歴史があるが、その正確な起源は不明のままである。諸説があって、どの国で誰が発明したと特定することができないのだ。初期の歴史文献は少数しかないが、古代のいくつかの文明で拡大のためのレンズを使っていたと指摘している。視力の弱い学者や書記の中には若い助手を雇って書物を読ませていた者もいた。また拡大するという手段に頼るものもいた。哲学者で皇帝ネロの家庭教師でもあった小セネカは、ローマ図書館で水を満たしたガラスの器を透かして、すべての書物を読んでいたと伝えられている。皇帝ネロ自身は、大きなエメラルドを使って剣闘士の戦いぶりを見物したと言われている。ローマ人はエメラルドが目によいと信じており、皇帝ネロのエメラルドは、レンズとして使うためにくり抜いたのに違いないと考えられている。古代ギリシャ人は文字を拡大するのにガラス玉を使い、エジプトや中国でも初期のメガネの証拠が発見されている。

9世紀には、アッバース・イブン・フィルナスが砂をガラスに変える製法を考案して、読む石を作った。そのほぼ半球形のレンズを用いて、文字を拡大して見た。1266年ごろ、イギリスの修道士ロジャー・ベーコンは、その著『オプスマジュス』の中で、読書用のレンズの使用について書いている。「文字を見る場合、水晶やガラスを透かして見てみると、それが球状より薄い切片で、目に対して凸状のものであれば、文字はずっとよく見える」。ベーコンの説は、マルコ・ポーロが書き残したものと類似している。そこには、1270年に出会った中国の老人たちがものを読む際に水晶や貴石からできた石を使っていたことや、結膜炎を和らげるのに茶色のガラスを使っていたことが書かれている。中国の裁判官は、裁判所で表情を隠すために煙で色をつけた水晶のレンズを使っていたが、

光を透過する装置である合成の偏光フィルターは、
1929年に世界で初めてエドウィン・ランド博士によって発明され、
1930年代にポラロイドという商標名で開発が進められた。

そうするのは地位の高い重要人物のしるしだとみなされていた。

　いわゆるメガネが最初に出現したのは1268年から1289年のあいだだと考えられている。学者や修道士たちがかけていたもので、拡大できる2つの単玉レンズからできていて、鋲留めされて不安定に鼻の上にのせられていた。ツルは数世紀後になってようやく登場する。長いあいだ、フィレンツェのサルヴィノ・デイリ・アルマティがメガネを発明したと信じられてきたが、のちに、この話は捏造されたもので信用できないとされた。だが、ピサにいたアレッサンドロ・デラ・スピナという名のドミニコ会の修道士については、鍵を握る人物だとみて間違いない。1313年にこの人物の死を記録した歴史的資料の口で、彼が最初のメガネを発見したことが記されている。彼はこのメガネを複製して「朗らかで慈悲深い人たちに配った」ということだが、発明した人物の名前は残さずじまいだった。

　この最初のモデルがメガネ量産の土台を作ったと考えられており、その後15世紀なかばのヨハネス・グーテンベルグの印刷術発明によって、本などの読み物が広く出回るようになったことをきっかけに、メガネの大量生産も本格化した。ベネチアでガラス産業が盛んだったこともあり、フィレンツェがメガネ製造の拠点になった。1400年代には少なくとも52のメガネの製造会社があったという証拠が残っている。彼らが製造したメガネは高く評価され、裕福なミラノの延臣たちによって贈り物として配られ、ヨーロッパ中にも輸出された。当時、オランダ人も、メガネの主要な製造者として広く知れ渡っていた。製品がしだいに精巧になり、ドイツ人のガラス吹き技術によって、より薄くて軽いレンズを作れるようになると、ドイツもすぐれた製造の中心地となった。

　メガネが広く使用されるようになると、勢いづいたメガネ業界は貿易の手を広げた。かなりの量のメガネがオランダのような国からロンドンへ輸出されたという記録が残っている。1535年にドイツのメガネ業界は、ニュールンベルグ・メガネ製造業組合を設立して規制を正式に発動した。1629年にはイギリスもこれにならい、チャールズ1世がメガネ製造業組合に勅許状を授与して設立を認可した。いずれもレンズとフレームの製造基準を定めるにあたって重要なことだった。

　15世紀なかばまでは、メガネのフレームは革、角、鼈甲、鯨ひげで作られた。メガネは西ヨーロッパ各地の店頭でも、また行商人によって街頭でも売り広められた。金や銀のフレームを使った高級メガネは裕福な人たち向けに作られた。メガネ製造業組合は革のフレームを承認せず、自分たちの基準を満たさないものは押収した。1692年に組合はマスター（名匠）のジョン・ヤーウェルに革縁メガネを捨てさせたと伝えられており、組合は品質粗悪なレンズを破壊することでも知られていた。数世紀ものちになって、破壊処分を免れた昔の革のフレームが現代のデザインにインスピレーションを与え、すばらしく美しい革のフレームが、グッチやシャネルなどを含む有名な高級婦人服デザイナーズブランドの現代コレクションに登場している。革製アビエーターや革を使ったツル、きれいに着色された革は、昔のデザインと特徴からインスピレーションを得た産物である。本物の木製フレームもまた、地球環境に優しいデザイナーのあいだで再び脚光を浴び、古いスタイルを思い起こさせたものの、木目入りフレームは1950年後半から60年にかけての短い流行に終わった。

　1600年代には、アーチ型のメガネが広く使われた。固定ブリッジは三日月状のものが多く、2枚のレンズをしっかりつないで、メガネを鼻の上にのせやすくする役目をしていた。スリットは初期のフレームのブリッジによく見られ、できるだけメガネを軽くするためにつけられた。おかげでメガネは曲げやすくなり、鼻にしっかり固定できた。一方で、スリットによってメガネは壊れやすくもなった。最初のころのフレームに取り入れられた、こうした機能的な部分は、現代の製造においてもデザインの源になっている。アラン・ミクリがデザインし、カニエ・ウェストがかけて広まった悪名高きシャッターシェードは、ベネチアンブラインダーとして知られる初期のものをモデルにしている。レンズに水平の細いスリットを何本も使っているのが特徴である。同様に、初期のころのイヌイット族の雪メガネは、レンズに1本ずつスリットが入っているのが特徴で、フレームはたいてい木や骨や動物の革でできている。

現代のメガネは何世紀も前のデザインを継承している。
この1960年代のサングラスは、耳に巻きつける鎖と円板型のおもりが特徴である。

はじめに

これに着想を得て、刺激的なフレームのデザインがいくつか生まれている。1960年代のアンドレ・クレージュによる伝説的なエスキモールネットから、最近ではヴィヴィアン・ウエストウッドによる金属製のスリットシェードや、アイガックスによる真鍮のデザインなどがそうである。

16世紀、アジアではリボンや紐を輪にして耳に引っかけ、ツルとして使用した。鼻の上でバランスを取るこのやり方は、スペインでも見られたと記されている。スペインでは紐つきメガネと呼ばれていた。中国人は、輪の代わりに陶器製のおもりを先端につけた紐を耳にかけ、下に垂らしたことで知られている（1960年代のスタイルは、こうしたおもりからインスピレーションを得たものだ。リボンの代わりに細い鎖を使い、その先に大きなプラスチックの円板型のおもりをつける。円板はフレームの形と色にマッチしている）。ツルは18世紀になってから使用されるようになったと考えられている。最も古い記録では、エドワード・スカーレットというメガネ商までさかのぼる。彼はイギリス国王ジョージ2世に仕え、名刺にツルの図を書いて宣伝した。横のまっすぐな部分がこめかみを押さえる格好で、当時流行したかさ高いかつらにひっかからないようにデザインされていた。このメガネはこめかみ式メガネとして知られ、ツルは耳まで届かず、先がループ状になっていた。こめかみが圧迫されるので、もっと楽につけていられるように、リネンの紐が使われるようになった。

世界各地の博物館には、凝った装飾を施したフレームが残っていたりするが、これは徒弟のメガネ職人の技術の高さを物語っている。メガネ職人のマスターになるためには、"名作"と認められる品をいくつも作らなければならない。名作メガネのほとんどは、かけるためにデザインされたのではない。ツルのメッキなどの凝った彫刻や金線細工や複雑な細部装飾が施されるのが特徴で、当時一般にかけられたフレームとは異なっていた。ケースに記された日付で1663年のものだとわかるメガネが、ロンドンのブリティッシュ・オプティカル・アソシエーション・ミュージアムに展示されている。ニュールンベルクのメルキオル・シェルケというマスターメガネ職人によって作られたもので、カットワーク装飾を施しやすい水牛の角に彫刻されている。ハート型やクローバー型の複雑な金線細工も施されていた。鯨の骨は彫刻しやすいという理由でよく使われた。鼈甲も同様で、芸術的とも言える質の高さで称賛された。だが、軽いのはいいが壊れやすかった。1950年代の女性用メガネの大半は、複雑な彫刻を施した初期のころの名作を再現したものだ。メタリックなアップリケやきらびやかな装飾パターンや、花模様の彫刻、そして金線細工はすべて、20世紀なかばのデザインの、美しいけれども凝りすぎた感のある装飾の特徴をあらわしている。金線細工は今でもチタン製メガネのツルによく見られる。

18世紀なかばになると、色つきのレンズがイギリスのメガネ商でデザイナーのジェームズ・アスキューによって発明された。色つきレンズは太陽のまぶしい光を軽減するために考案されたわけではなかった。視力の欠陥を補正すると考えられていたからだ。青や緑、黄色、琥珀色、茶色のレンズが、頭痛や、当時一般に広がっていた梅毒が引き起こす光過敏など、目にかかわるさまざまな病気を治すと考えられていた。1660年代に日記を残しているサミュエル・ピープスは、緑のレンズの小さなメガネをメガネ職人であるジョン・ターリントンから買っている。目の痛みを和らげてくれると期待してのことだった。18世紀のベネチア人は町のいたるところにある運河から反射する陽光を弱めるのに緑の色つきレンズを使っていたことが知られているが、色つきレンズが陽光から目を守るという考えが広まったのは、ずっとあとになってからだ。

ジョージ王朝時代には、スカーレットのこめかみメガネの発明や二重焦点レンズの開発などの数々の重要な進歩のおかげで、メガネは今日でも知られている見慣れた形になった。二重焦点レンズのアイデアは何人かの人物に帰することができるが、注目に値するのは、アメリカ独立に多大な貢献をした、建国の父の1人であるベンジャミン・フランクリンと、コレクターがマーティンの縁と呼ぶデザインである。1750年代に、イギリスのメガネ職人、ベンジャミン・マーティンは、レンズをより小さくして周囲を円型の角で縁取る角製の内枠のメガネを

1960年代、オリバー・ゴールドスミスによる白のシャッターシェードは、イヌイット族のメガネにインスピレーションを得て、宇宙時代のファッションを引き立てた。

作った。また対象物にあわせてレンズを傾け、レンズに色もつけた。これらのメガネは、視力を補正するようにデザインされていると同時に、目に光が直接当たらない工夫もされていた。

　単玉レンズの単メガネとエレガントな鋏メガネはいずれも、西洋の上流階級の人々のあいだで性別を問わず人気があった。単メガネのレンズは、卵型、丸型、四角型などさまざまな形をしていた。このアイデアは非対称のレンズが流行した1960年代に、当世風の奇抜なファッションとして復活した。片メガネは1720年ごろ、プロイセンの古物収集家、バロン・フィリップ・フォン・シュトッシュによって世に紹介されたが、一般に広まったのは1800年代になってからだ。柄つきメガネは女性のあいだで愛好されたものだが、1780年代に発明されたと考えられている。これらの多種多様なメガネはどれもステータスシンボルとして好んで持たれた。とくに、片メガネと柄つきメガネは20世紀になっても人気が衰えなかった。鼻メガネ（パンスネ）は1840年ごろに登場したもので、1930年代まで中流階級の人々に趣味がよいとして愛用された。

　1799年にスコットランド人のジョン・マカリスターはアメリカのフィラデルフィアに最初のメガネ店を開いた。当初、輸入のメガネを販売していたが、しだいに金や銀を使った自分のオリジナル製品で成功を収めた。これに刺激を受け、他の多くのメガネ製作者や小売商が腕を試すようになった。マサチューセッツ州サウスブリッジにある有名なアメリカン・オプティカル社のルーツは1833年までさかのぼることができる。その年にメガネのパイオニアであったウィリアム・ビーチャーが最初のメガネ会社を設立した（会社は1869年まで共同経営を名乗らなかった）。そして1843年にアメリカで最初のスチール製メガネを製造したとされている。1853年にはボシュロム社がニューヨーク州のロチェスターで設立された。大西洋の向こうのイギリスでは、1750年にドロンド＆エイチスン社が最初のメガネ会社として設立された。

　1865年には酢酸セルロースが初めて開発され、フレームに一般的に使われるようになった。1900年代まで最も人気のある素材は、金、銀、そして真鍮やニッケルなどの合金だった。スチールもまたよく使われるようになった（19世紀のスチール製フレームの上質でエレガントなラインは、1900年代なかばから1990年代までのあいだ、ジョルジオ・アルマーニによってデザインされたカヴールモデルで再現された。その名前は著名なイタリアの政治家にちなんでいる）。メガネは大量生産されたが、依然として商人によって訪問販売された。しかし、おしゃれな柄つきメガネや単メガネや片メガネと違って、普段使いのメガネは必要なときにだけ使われた。1900年の『オプティカル・ジャーナル』誌が述べている。「メガネを外でかけるのは不細工だし、外ではほとんど必要がない」。

　20世紀になって、メガネの芸術性や美容上の可能性を意識し、認識するという変化が生まれた。2度の世界大戦、新しい製造技術、革新的な素材の発明、イギリスではナショナル・ヘルス・サービスの導入、洗練された娯楽業界などがそれぞれに役割を果たして、メガネをファッション性の高い必需品へと変えたのである。

1950年代後半から60年代の木目入りフレームは、1970年代の樹脂製サングラスで復活をみた。

上：白蝶貝製の柄つきメガネ。1950年。
下：1900年代の単メガネの模造品。映画用にネイサンズ社が手作りしたもの。

金銀線細工の帯飾り鎖つきケース。1850年。

鼈甲製の収納ケースがついた、折りたたみ式の金のローネット。1850年。

耳かけ用の紐がついた 17 世紀のメガネの複製品。
映画用にオンスペック・オンティック社が手作りしたもの。

新しい時代

現代メガネの誕生

現代のアイウェアの誕生は、20世紀への変わり目までさかのぼることができる。とはいえ、その後の数十年で遂げた劇的な進歩の片鱗は、このころにはうかがえない。メガネの消費者は慎重だったし、製造は始まったばかりで、ファッションの変化もゆるやかだった。フレームは19世紀後半のものとさほど変わりばえしておらず、選択肢といえばメガネか鼻メガネ、ときには片メガネというふうに限られていた。しかも、人前でメガネをかけるのはまだ格好の悪いことだとみなされていた。しかし、その傾向は徐々に変化し始めた。第1次世界大戦で軍隊に支給されたこともあって、メガネは多くの人に支持されるようになり、1920年代までにはメガネはごく当たり前の光景になった。

　新世紀の幕開けには、さまざまなタイプのメガネその他の視力補正器具を売るメガネ商が地位を確たるものにし、しばしば独自のデザインを生み出した。粗悪なメガネを訪問販売していた行商人は、勢いは衰えたものの、繁盛が続いていた。大半のメガネ商が拠点を置いていた都心まで人々が出かけていくのは難しい場合が多かったからだ。フレームの素材に最も使われていたのは、金や銀、ニッケルと錫からできた合金、金メッキされた真鍮、鼈甲、角、酢酸セルロース（1860年代に初めて発明された）などで、カゼインと称される物質を使ったものもあった（p.44の例参照）。カゼインはボタンの材料にも使われ、牛乳に含まれる成分からできている。現存するカゼインのメガネには、酸っぱくなった牛乳のいやなにおいが残っている。アメリカのメーカーたちは、魅力的なフレームによって売れ行きが伸びるとわかると、メガネの業界新聞に広告を出すようになり、新しい技術やデザインを謳って張り合った。

上：フィッツ・ユー・アイグラス。メガネ商が使ったフレームのサイズ合わせセット。アメリカ、アメリカン・オプティカル社製、1910年。
前ページ：『エレガンシズ・ベルリナズ』ファビエン・ファビアノ作のポスター。1915年。
20ページ：オンスペック・オンティック社製のフレームの複製品。

　1900年代初め、ファッションの中心はパリとロンドンだった。そこでは、19世紀後半の長いエレガントな服のラインが引き続き流行していた。昼用の服のトレンドは、あつらえのシルエット、芯入りの高襟、真鍮のボタンをつけたフランネルのジャケットで、男女ともにそれが当時の高級な柄つきメガネや単メガネ、片メガネにつきものとなった。女性たちも、男性のつける細いネクタイや硬いシャツカラーを取り入れ、驚くことに片メガネまでつけるようになった。1903年発行の『ニューヨークヘラルド』紙は、このアクセサリーのアメリカ女性のあいだでの人気ぶりについて、こう記している。「単メガネはもはやイギリス男性のファッションの象徴ではない。ニューヨークやシカゴの社交界の美女たちが、それは自分たちのためにあるものだと主張しているからだ。単メガネは、アメリカのハイカラな娘たちのあいだで最新の大流行品となっている」。

　1910年にはオックスフォードメガネが登場した。この男性用の折りたたみ式デザインは、ニューヨークで開発されたと考えられている。このメガネを女性が自分用に買い求めるようになると、売り上げは急増した。男性に最も人気のデザインは、角（つの）縁メガネだった。その名前は、もともと角や鼈甲から作られたことにちなんでいる。いずれの材質ももろかったが、見た目の美しさにかけては抜きん出ていた。さらに鼈甲は、壊れたら自家接合できるという利点があった。割れた鼈甲に蒸気を当ててくっつけると、最後には溶合するのだ。

　映画が華々しく登場したおかげで、観客の憧れとなるような新しいスタイルの像やヒーローが生まれた。とくに初期のサイレント映画は、視覚的なトリックと小道具を目玉にしていた。アメリカの映画スターのハロルド・ロイドは、メガネ、とくに多様な角縁メガネを世に広めたとされている。メガネをかけるのは不格好だと多くの人々が思っていた時代に、彼がメガネを普段使いできるものにしたのだ。ロイドは角縁フレームを

使って（レンズはスタジオのライトが反射しないように取り除いた）、スーツをまとった敏腕家を演じ、グラスキャラクターと呼ばれる持ち役を創り上げた。彼がこのキャラクターで初登場したのはサイレント映画の喜劇『ロイドの野球』（1917年）だったが、自身とスクリーン上の役柄を区別するのに、厚化粧や派手なコスチュームに頼るのではなく、メガネを使った。このグラスキャラクターは大成功を収めたので、ロイドはそれから1年半のあいだメガネを自分で修繕しては使い続けていたが、ついにはメガネメーカーのオプティカル・プロダクツ・コーポレーションに複製を依頼した。すると、角縁メガネをファッショナブルにしたことを評価されて、無償で20個ものメガネが彼に送られた。

これが映画で商業的に使われた最初のメガネだった。ロイドは偶然にも映画でメガネを使う成功例を示し、自分とは違うキャラクターや個性を創るというメガネの可能性に光を当てた。そして、有名人のみならずファンも彼の姿をまねた。ロイドはこう言っている。「メガネをかけると、ハロルド・ロイドになる。はずすと、一般市民に戻る。メガネをかけなければ、いつ、どこの道でも、誰にも気づかれずに歩くことができる」。ロイドのフレームは、本物の鼈甲ではなく、安価なプラスチックの模造品で、アメリカではごく一般的な代用品だった。ロイドメガネと名のついた、このモデルのもととなった本物の鼈甲や角を使ったメガネは当時、ヨーロッパでは何十年も人気を保っていて、ファッション界や音楽界でよく見られた。

ロイドがメガネをかけたキャラクターを確立しようとしていた一方で、トリノの写真家であり、メガネ店のオーナーでもあった人物が、セレブリティやイタリアのスタイルの象徴的ブランドを立ち上げようとしていた。ジュゼッペ・ラッティは1917年、パイロットやカーレーサーなど民間旅行の

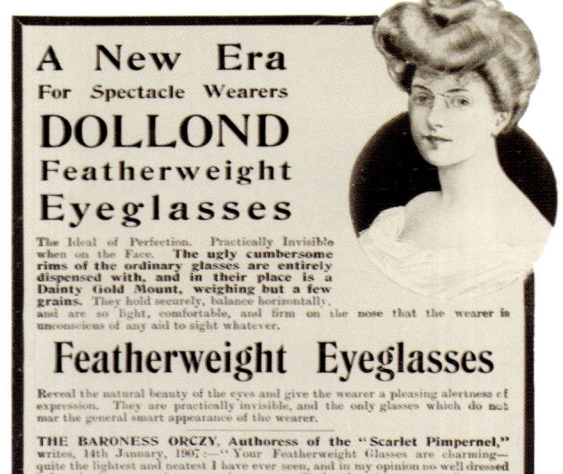

パイオニアのために目を保護するメガネを作ろうと、自宅の中庭でさまざまな試みを始めた。その結果生まれたプロテクターモデルは、スモークレンズで、横の部分がゴムになっていて、ゴム製のバンドで頭にしっかり固定されるつくりになっていた。イエローブラウン色の水晶レンズは、視界がはっきり見えるように、そして太陽光線から目を最大限保護するようにデザインされていたため、イタリア軍にすぐに採用された。"チネシノ"という、サングラスをかけた中国人の親しみやすい漫画キャラクターが、1920年代から1970年代までラッティの広告キャンペーンに登場して、1930年代にペルソール（イタリア語で「日光用」の意味）というブランドになるためのアイデンティティ形成に一役買った。かの有名なシルバーアローのように、機能性に富みながらも目を見張るような装飾を兼ね備えたデザインが生み出されたのは、30年代後半になってからだった。

世紀が派手で楽しさに満ちた1920年代に近づいても、フレームの形はたいてい、横長か楕円か円型などのスタンダードなものに限られていた。男女ともに同じデザインのものが使われたが、女性の夜会用には装飾的な柄つきメガネがまだ人気だった。折りたたみ式メガネと柄つきメガネは、目新しいものは出てこないものの、広く見られるようになり、技術の進歩によって、より使いやすくなった。消費者は、既製品の中から最も実用的な（あるいは効果的な）メガネを選ぶのが普通だった。顔を引き立たせるようなフレームを選びを楽しむという、のちの世代では取り入れられたことを、この時代にしている人はめったにいなかった。

上：ドロンド社（のちのドロンド＆エイチスン社）のフェザーウエイトメガネの広告。著名人の推薦文が入った、初期のころのもの。1907年。
次ページ：狩猟用のメガネ。デザインは19世紀から20世紀初めまでほとんど変わっていない。穴は狙いを定めるのに使われる。

金張りのブリッジに縁なしレンズをのせたメガネ。ドイツ製。1900年。

19世紀から20世紀初めまで、手仕事の際に使われたモデル。
手元に近づけるために、鼻の頭にとまるようにデザインされている。

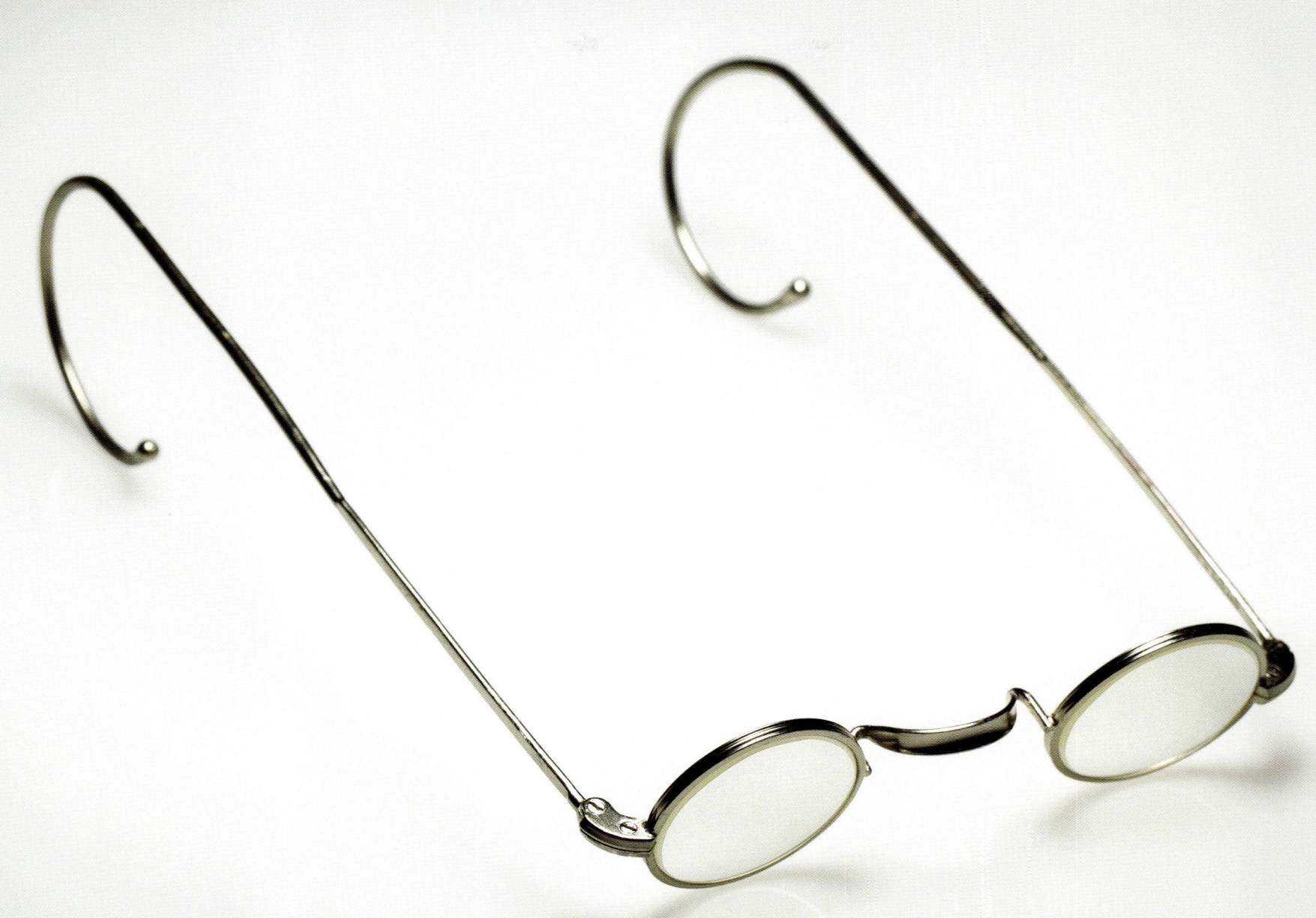

上・右・次ページ：
縁がスエードの防護網がサイドについた
工業用安全メガネ。フランス製。
1900年。
30ページ：
サイドが蝶番状に折れている
20世紀の工業用安全メガネ。
31ページ：
X字型ブリッジのついたフレーム。
1905年。イタリアの政治家、
カミッロ・カヴールがよく似たメガネを
かけていた。1990年代に
ジョルジオ・アルマーニがこれに
ヒントを得たモデルを発表している。

28　新しい時代

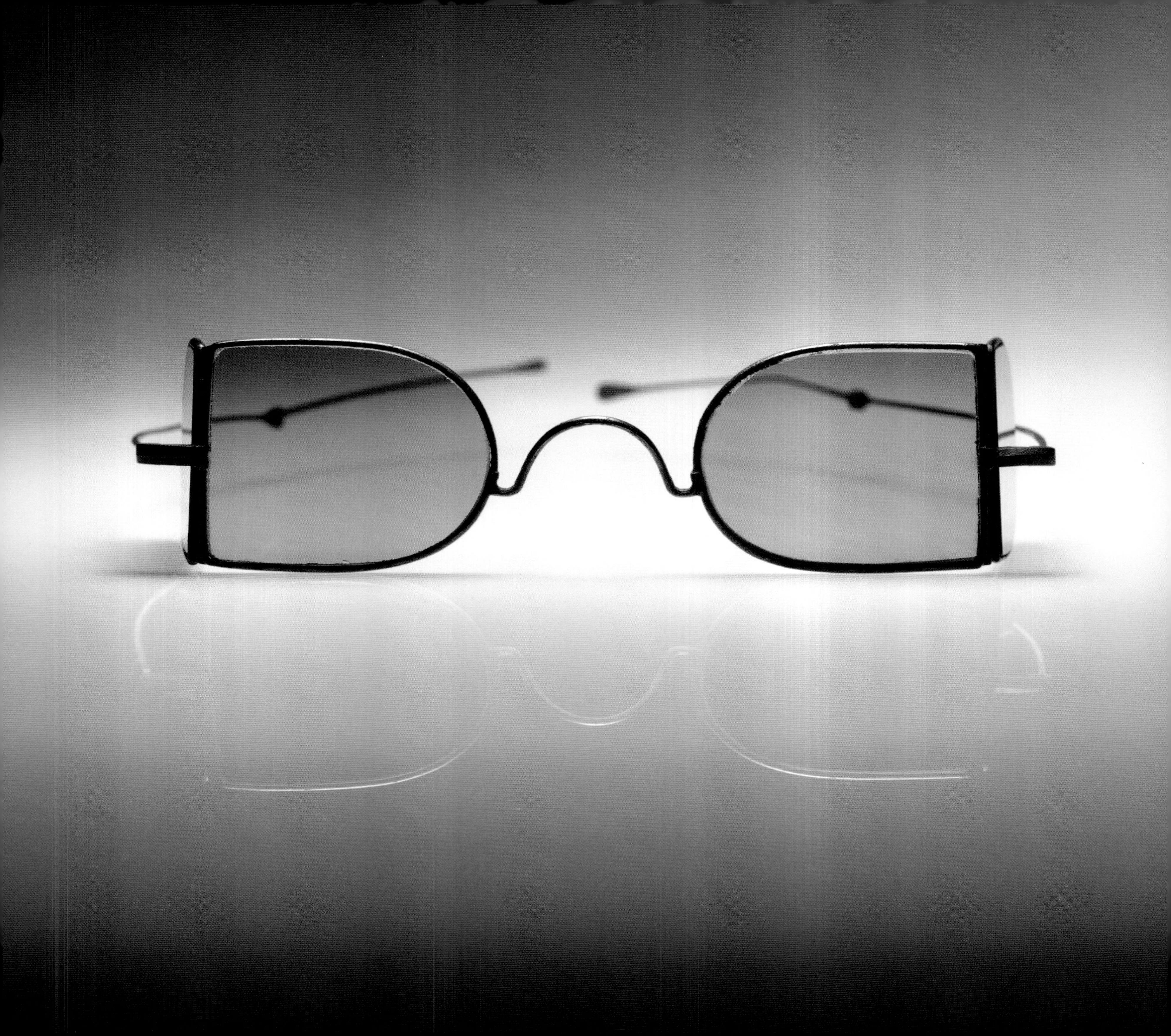

1920年代

サングラスの幕開け

第1次世界大戦後、ファッションは革命を起こし、モダンエイジへと突入した。婦人服はとくに大きな変貌を遂げ、戦前の締めるスタイルから快適なものへと変わった。スカートは短くなり、ダンスやスポーツやレジャー活動の人気が高まると、動きを制限しないゆるい衣服が求められるようになった。おしゃれな女性たちは、髪をショートカットにし、頭にフィットする釣鐘型のクローシュハットやターバンに似た帽子をかぶり、シルクのスカーフを巻いた。1900年代初めの中心であった角縁は、男性には引き続きかけられてはいたが、重くて暗い色のフレームは、同時代の女性のスタイルとは合わなかった。新しいスタイルであるフラッパードレスは、薄くきれいな色合いだったため、針金や金張りの明るい色のフレーム、あるいは目立たない縁なしメガネが求められた。

　男性も女性も、これまで何十年もかけてきた同じようなデザインや形のメガネを相も変わらずかけていたが、フレームの選択に違いが現れてきた。フィッシングやハンティング、ゴルフのようなスポーツでは、貝殻やセルロイドのプラスチック素材が流行した。レンズの研究が進むと、眼科医は、保守派や年配の人に依然人気の高い片メガネと鼻メガネのようなツルのないメガネを使わないように勧めた。イギリスの首相（1916-22）、デビッド・ロイド・ジョージは、鼻メガネをかけるのをやめようとしなかった。ペットの鳩と過ごすときも、かけたままだったので、その鳩がメガネをくちばしでつかんだという逸話が残っている。

　狂騒の1920年代、数多くの会社が登場して、サングラスのデザインや製造法を開発した。色つきレンズはイギリスのデザイナーでメガネ職人でもあったジェームズ・アスキューが発明し、すでに18世紀ごろから出回っていたが、1920年代の進歩によって、目の保護機能とその広い可能性へとつながった。アメリカのフォスター・グラント社は1919年に創業した会社で、初めは酢酸セルロースから作った色とりどりの櫛を専門に扱っていた。だが、ショートカットが大流行して、櫛やヘアピンの需要が衰えると、財政状況が厳しくなり、多角化を迫られた。そこで、まず酢酸セルロースのサングラスを製造することから着手した。最初の製品は1929年、アトランティックシティーの海辺のリゾートにある小売チェーン店ウールワースで販売された。手に取って選べるメガネの横に置かれ、目を保護するメガネとして10セントで売られた。ところが、その製品が魅力あるものだとわかると、アメリカの東海岸で流行に火がついた。売り上げはうなぎのぼりになり、すぐに大量生産に移行して、会社は成功を収めた。

　1920年代初め、もう一つのアメリカの会社、ボシュロム社がクルックスメガネとして知られる色つきレンズのメガネを作り始めた。そのメガネは、暗い色から明るい色まで種々の色合いで売られた。名前は、イギリスの化学者、サー・ウィリアム・クルックス（1832-1919）にちなんだものだ。クルックスは紫外線を吸収するレンズの加工方法を

上：女性のフラッパースタイルが、金張りや針金のフレームの、明るい色をしたメガネの需要を生み出し、角縁メガネに取って代わった。
前ページ：俳優ハロルド・ロイドは、サイレント映画でメガネをトレードマークにした。1920年代。
32ページ：オンスペック・オンティック社手作りの、模造鼈甲製フレーム。

発明した。ボシュロム社は売り上げ好調を記録し、アメリカのスラングで"サンチーターズ"と呼ばれる人々は、1920年代終わりにはヨーロッパやアメリカのリゾート地でなじみの光景になった。

　フォスター・グラント社とボシュロム社のあとに続いて、数多くの会社が低価格で魅力あるサングラスを大量生産した。1920年代はそうした商品をうまく販売するのにうってつけの社会環境だった。第1次世界大戦後、とくに上流階級の人たちのあいだで旅行ブームが起こった。フィレンツェやベネチア、ローマ、ポルトフィーノ、リスボン、パリ、モンテカルロ、ニース、ドーヴィル、ビアリッツなどが人気のリゾート地になった。裕福な旅行者とその取り巻きたちは、それらのおしゃれなリゾート地まで運転手つきの車や高級ヨット、列車に乗って出かけた。とくに人気があったのは、異国の地へのクルージングだった。裕福で有名な人々には、自分たちの新しいファッションを見せびらかし、そして見てもらえる絶好の機会だったからだ。新たに登場したニットのワンピース水着を着て日光浴や水泳をするのは、当時のレジャーの中でも人気の気晴らし方法だった。白く美しい肌を保ったまま、ファッショナブルでいるには、サングラスとつばの広い日よけ帽とパラソルが欠かせなかった。

　銀幕の世界もまた、サングラスをファッションアクセサリーとして確立させるのに一役買った。1920年代のあいだにアメリカの映画産業は花開いた。多くの作品が作られ、新しいスターも次々と生まれた。俳優たちは、セットの中でまぶしいスタジオのライトから目を保護するために、保護メガネをかけた。彼らが充血した目を隠すためにセットを離れたところでもメガネをかけていると、サングラスが華やかで高級なものに見えて、その姿をファンはすぐさまねた。グレタ・ガルボは、いち早くサングラスを毎日かけ始めたと言われている。とはいえ、サングラスやメガネが映画の中でありふれたものになるのには、数十年の年月を要した。レンズの反射のせいで撮影がしづらいうえに、プロデューサーもスターたちのせっかくの商売道具である顔を覆い隠すことには及び腰だったからだ。

　1930年代に近づいても、フレームスタイルの多くは、さほど変わらないままだった。世界恐慌が起こり、アメリカでもイギリスでもデザインの進歩が止まった。多くの人は日々の生活をやりくりするのに精いっぱいで、医師の処方箋が必要なメガネは、手の届かない贅沢品になった。1900年代のフクロウを思わせる角縁や鼈甲製縁は、もっと安価な種々の金属製フレームとともに、1930年代に入ってからも男女ともにかけられていた。しかし、30年代終わりになると、暗い経済状況や戦争勃発の見通しの中にあっても、明るいプラスチック製サングラスをかけたいという人々の欲求は抑えられるものではなくなっていた。スティーブ・エインズワースは『Optician』（2004年）の中で述べている。「ここ数年で、サングラスをかけている人は魅惑的で金持ち風に見えるようになった。実際にはそのどちらでもないのに」。

上：ロンドンのR. アーチャー＆サンズ社の広告。1920年代。
次ページ：W字型ブリッジとカールしたツルのついた金張りのフレーム。1920年。

1920年代

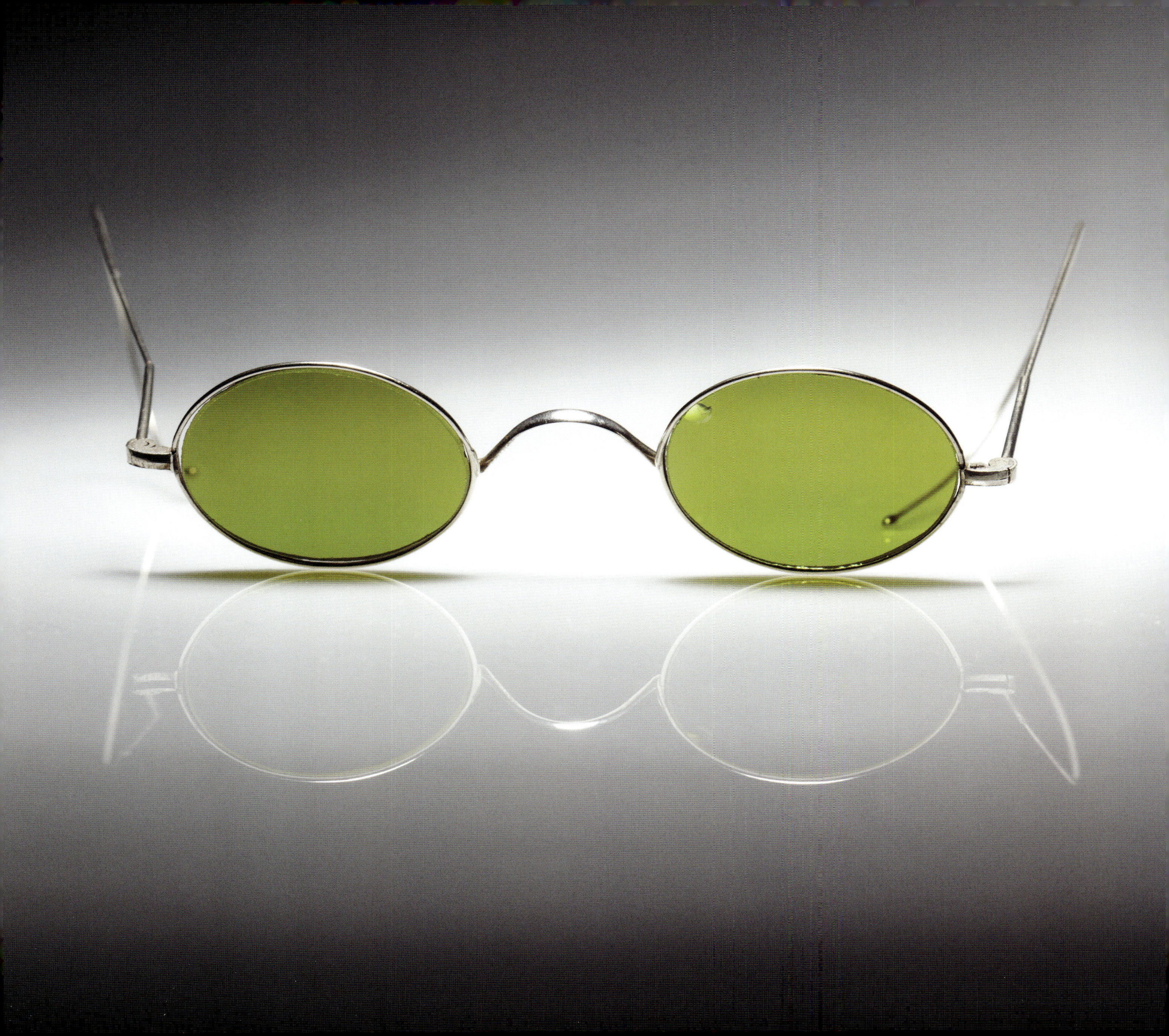

1920年代

上・前ページ：鼈甲製の丸メガネ。イギリス製。

ローレンス&メイヨー社製の保護メガネ。角製のサイドパネルと取りはずし可能なツルがついている。20世紀初め。イギリス製。

1920年代

1920年代の、ツルの先が輪になった色つきメガネの模造品。
オンスペック・オンティック社の手作り品。

色つきのクリップオンレンズがついた丸メガネ。

1920年代

1920年代の、W字型ブリッジの丸メガネの複製品。オンスペック・オンティック社の手作り品。

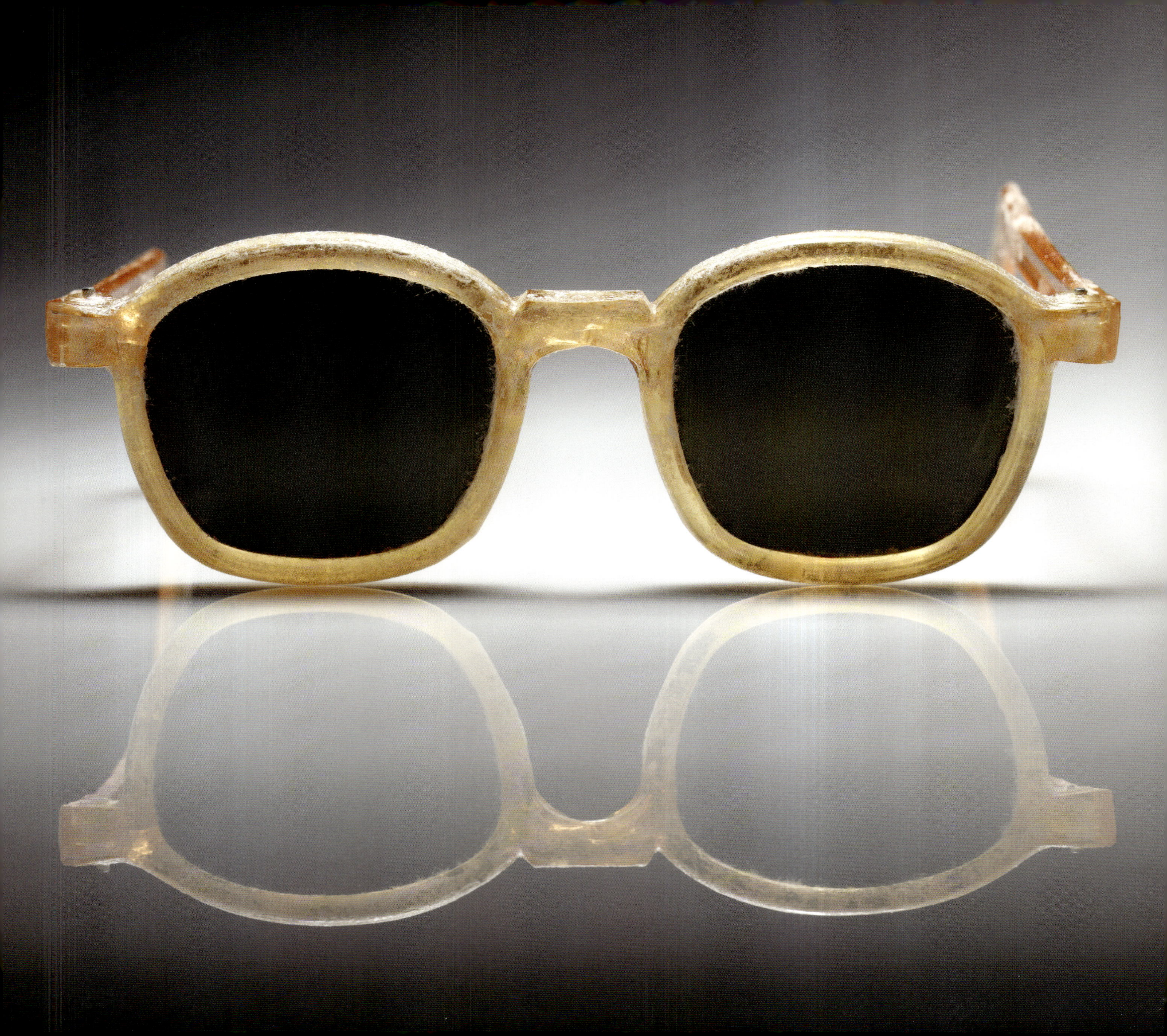

1930 年代

傑作モデルの登場

イギリスのユーモア作家P.G.ウッドハウスは、エッセイ『In Defense of Astigmatism』の中でメガネについて言及している。「メガネはロマンチックでないと議論してもむなしい。メガネはロマンチックなのだ。私は自分もかけているからわかる。縁なしや金縁のオックスフォードをかけても、書斎で一人のときに飾り気のない男性用メガネをかけても、なぜかロマンチックなのだ……メガネは、かける人間の外見にいわば趣とか活力を与えるものなのである」。そして彼は、小説家がメガネをかけたキャラクターを創作する場合に守るべき基準を列挙している。メガネをかけるのは──よき伯父、牧師、善良な弁護士、ヒロインに優しい老人、悪い伯父、脅迫者、金貸し。鼻メガネをかけるのは──よき大学教授、銀行の頭取、音楽家。片メガネをかけるのは──よき公爵、イギリス人、悪人でない人。最後に──不愉快な鼈甲製メガネは小説に登場すべきではない。その論は小説の登場人物に関するものだとはいえ、メガネのスタイルが世紀の変わり目以降ほとんど変わらなかったことを顕著に反映している。

イギリス人は流行のアイウェアをなかなか取り入れず、昔ながらの職人技を好む傾向があった。ウィンストン・チャーチルは、生涯の大半で手作りの鼈甲製丸メガネをかけていた。そのメガネが2011年3月、オークションに出され、11,200ポンドで競り落とされた。チャーチルのメガネ商であるC・W・ディキシー&サン社は、1777年に創業の、世界で最も息の長いアイウェアブランドである。ディキシーの克明な保存記録によって、ナポレオン・ボナパルトからイギリスの王族まで錚々たる顧客リストが明らかにされた。それによるとヴィクトリア女王は、1838年、ウォルター・ディキシーからこう言われたそうだ。「あなたが依頼なさった鼻メガネは、あなたのお鼻にはまったく似合っていません」。

アメリカでのサングラス市場は引き続き盛況だった。この時期に、傑作と言われるいくつかの重要なデザインが生まれた。それらの中心的存在はレイバンのアビエーターで、もともとはパイロット用の補正器具として開発された。これには語り草となっている逸話がある。アメリカの陸軍大尉、ジョン・マクレディが飛行から戻ると、日光にさらされたせいで目に永久的なダメージを負ったことを知った。彼は、目を保護するだけでなく格好もいいサングラスを作ってほしいとボシュロム社に依頼した。当初アンチグレアとして知られていた軽量化モデルは1937年に特許を取得し、金メッキのフレームと鉱石のガラスからできたレンズが特徴だった。ボシュロム社はそのデザインをレイバン(光線を遮断する機能"banish rays"からヒントを得た)というブランド名で初めて売り出した。そして、アメリカ陸軍航空隊のパイロット用に採用された。その後、GHQの総司令官であるダグラス・マッカーサー元帥が第2次世界大戦中に海岸に上陸する写真が海外紙にも載ったことから、アビエーターは世界中の人々を虜にした。1930年代のアビエーターのレンズは長いラインになっていて、実物よりよく見せた。そしてそのデザインは、コックピットの操作パネルに反射する光からパイロットの目を保護するものでもあった。そのスタイルは、ほぼ80年の時を経た今もなお変わらない。

アイウェアの分野でもう一つの重要な進歩は、ポラロイドレンズの

上:ロンドンのメガネメーカー、セオドア・ハンブリン社の広告。1930年代。
次ページ:イタリアの映画俳優ネリオ・ベルナルディと一緒にいるグレタ・ガルボ。1933年。
44ページ:牛乳をベースにした材質、カゼインからできたフレーム。

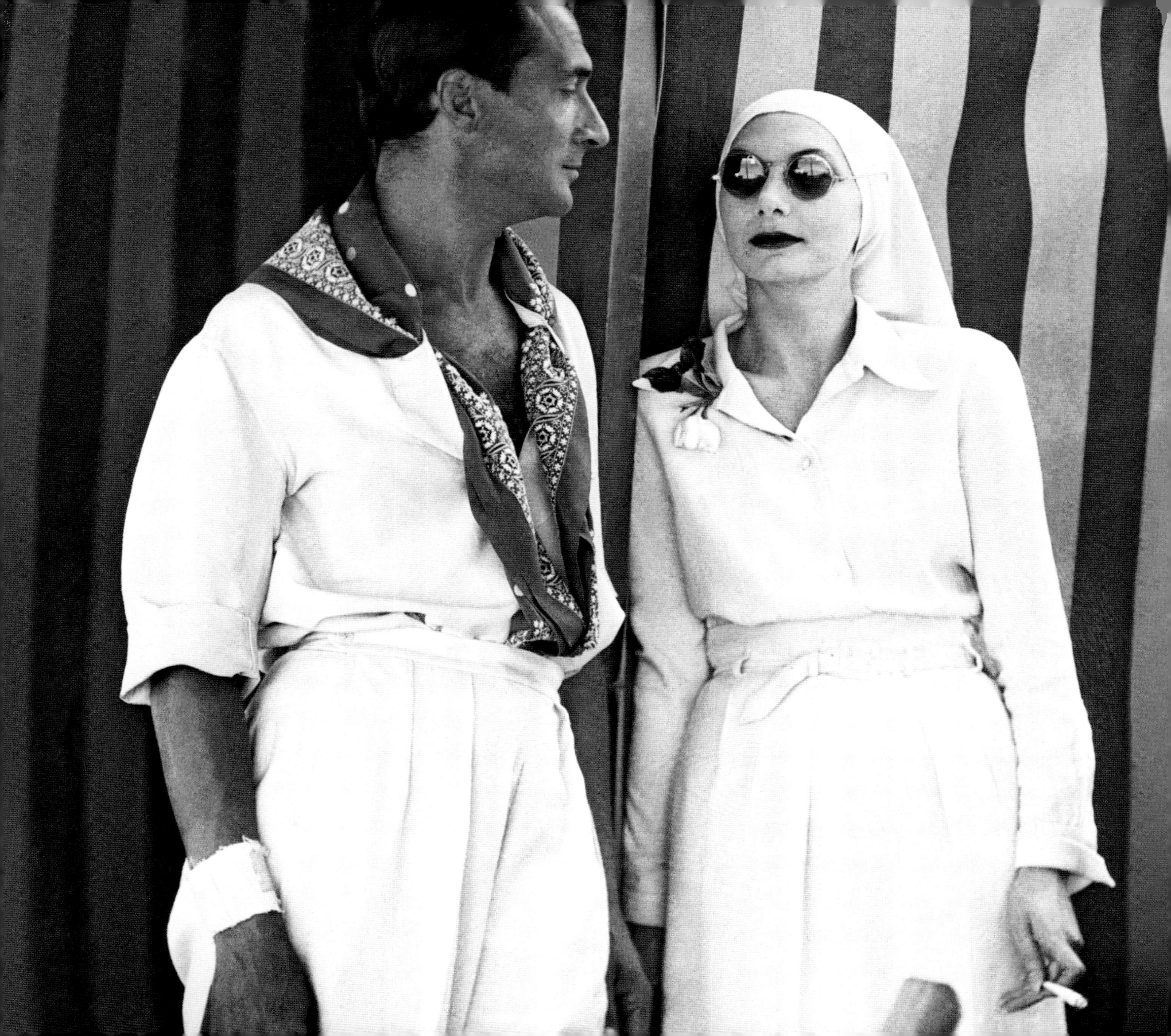

登場だった。これを発明したのはエドウィン・ランド博士という、ポラロイドのインスタントカメラでよく知られるアメリカの科学者で、彼はフィルターを使って偏光を生じさせた。つまり、ある光線を遮断して、太陽のぎらぎらした光を排除するのである。この技術を用いたサングラスは1935年に初めて発売され、その2年後にポラロイド社が設立された。ポラロイド社の広告宣伝を見ると、時代が進むにつれてファッションへの関心も高まっていることがわかる。1960年代までに、同社のサングラスは、目抜き通りの薬局からガソリンスタンドに至るまで広く売られ、そして会社は、光学とレンズの技術における世界のリーディングカンパニーの座を保ち続けている。

1930年代も終わりに近づくと、女性のアイウェアを活性化させる別の傑作デザインが生まれた。ハーレクイン型フレームである。ハーレクインはキャットアイと呼ばれることも多く、この言葉のほうがオリジナルデザインそのものよりも長く使われた。キャットアイは1940年代後半のあいだに進化を遂げ、1950年代から1960年代初めにかけて人気を保った。思わず目を奪われるこのメガネは、アメリカの起業家であり、トルコ系移民の娘であるアルティナ・シナシ・ミランダの考案によるものだった。シナシはニューヨークの五番街にある衣料品店でショーウインドーの飾りつけをしていて、向かいのメガネ屋のショーウインドーにスタイリッシュなフレームがないことからアイデアを思いついたと言われている。劇場のハーレクイン（道化者）のカーニバルマスクにヒントを得て、外縁が目尻に向かってつり上がったフレームをデザインし、女性の顔を引き立てた。

ハーレクイン型は当初、慎重なメーカーから拒絶されたが、マンハッタンにある一流メガネ店、ルジェネに働きかけて、試作品をいくつか作ったところ、販売してもらえることになった。初期のモデルは、著述家で、『ヴォーグ』誌や『ヴァニティ・フェア』誌の記者でもあったクレア・ブース・ルースが購入した。そのデザインは雑誌『ヴォーグ』や『ライフ』によってアメリカ女性に注目され、のどから手が出るほど欲しいアイテムになった。シナシは自分の会社を設立し、ニューヨークの有名な百貨店ロード&テイラーの年間デザイン賞を受賞して、お墨付きをもらった。とはいえ、映画スターはこの魅力的なメガネをなかなか取り入れてくれなかった。ひときわ目立ったのは女優のルシル・ボールで、彼女が1950年代の人気ホームコメディー『アイ・ラブ・ルーシー』でハーレクイン型メガネをかけたことは有名だ。ハーレクイン型フレームは、エレガントかつ滑稽なキャラクターにまさにうってつけだった。このテレビドラマのシリーズがどれだけインパクトを与えたかは、マテル社がボールの役をもとにしたバービー人形を作ったことからわかる。そのいくつかはハーレクインを特徴にしていた。

1930年代はまた、アイウェアのデザインにおいて最もわかりやすいシンボルとなるものの登場を見た時代でもあった。イタリアの会社、ペルソールは、伝説にもなっているシルバーアローで特許を獲得し、そのヒンジとデザインの特徴の両方で、この時代以降に作られたすべてのフレームを飾るものとなった。この象徴的なモチーフは、古代戦士の剣からインスピレーションを得て生まれたもので、創業者であるジュゼッペ・ラッティ自身によってデザインされ、今なおペルソールを際立たせるトレードマークとして健在である。

メガネのフレームは徐々に、エレガントで見栄えのよいデザイン性を示すようになった。こうしたデザインは大成功を収め、のちのちの世代まで永遠に変わらない比類なき傑作となっていった。

上：ポラロイド社の"ヒズ・アンド・ハーズ"サングラスの広告。1930年代後半。
次ページ：縁とツルが模造貝でできた金属製フレーム。ドイツ製。

1930年代

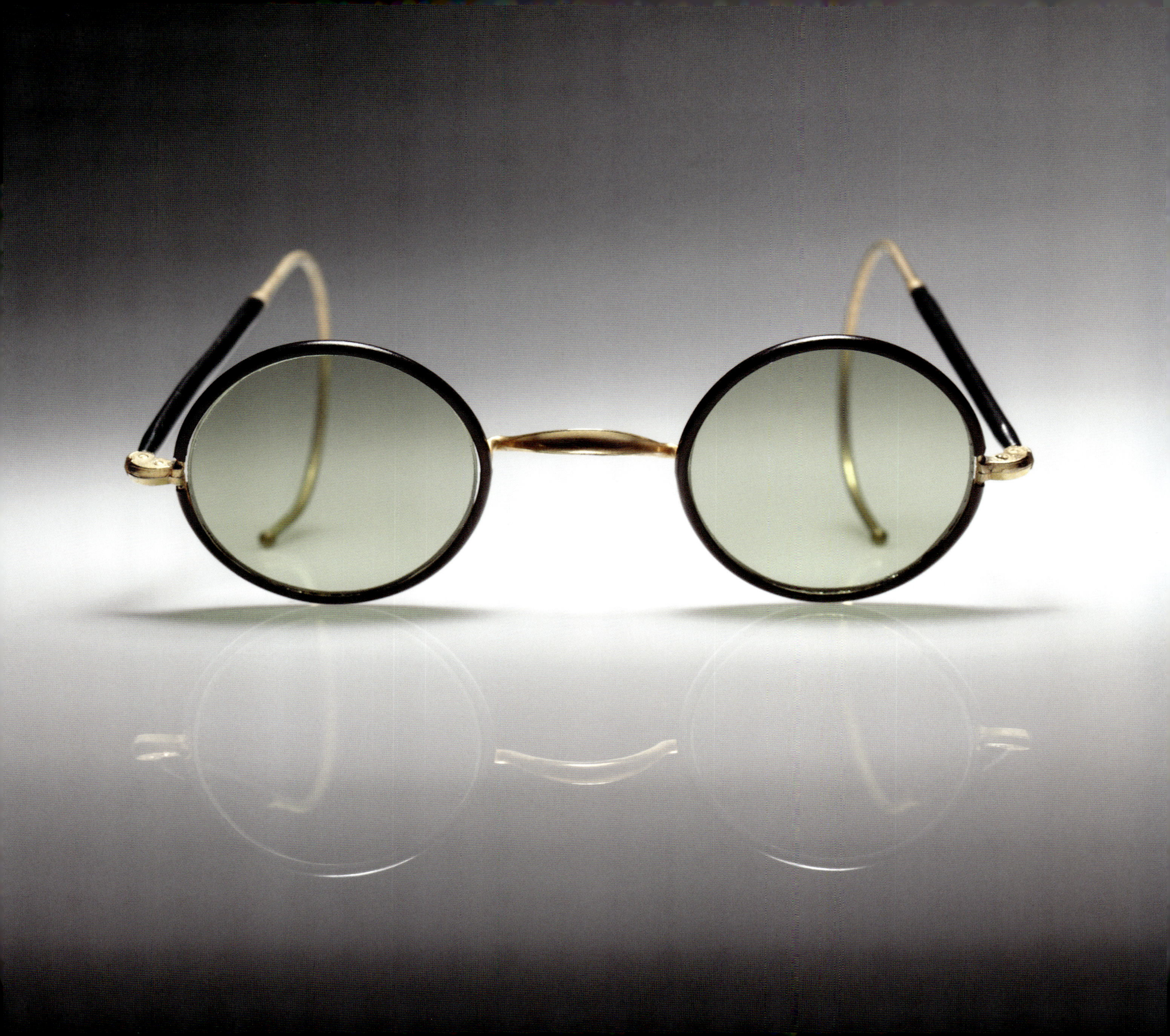

1930 年代

上・前ページ：セルロイドのプラスチックのフレーム。
同素材は、人形から宝石までさまざまなものに広く応用された。

ハーレクイン型サングラス。ピンク、青、白色が大量生産された。1930年代初め。

エアマスターズ。イギリス、アルガ社製、1931年。

上・右・次ページ：プレス加工でツルにカットワークを施した成形フレーム。フランス製。1930年代後半。

1930年代

55

上・次ページ：模造鼈甲縁の、レアな純金製折りたたみ式サングラス。
イギリス、ジェネラル・オプティカル社製。

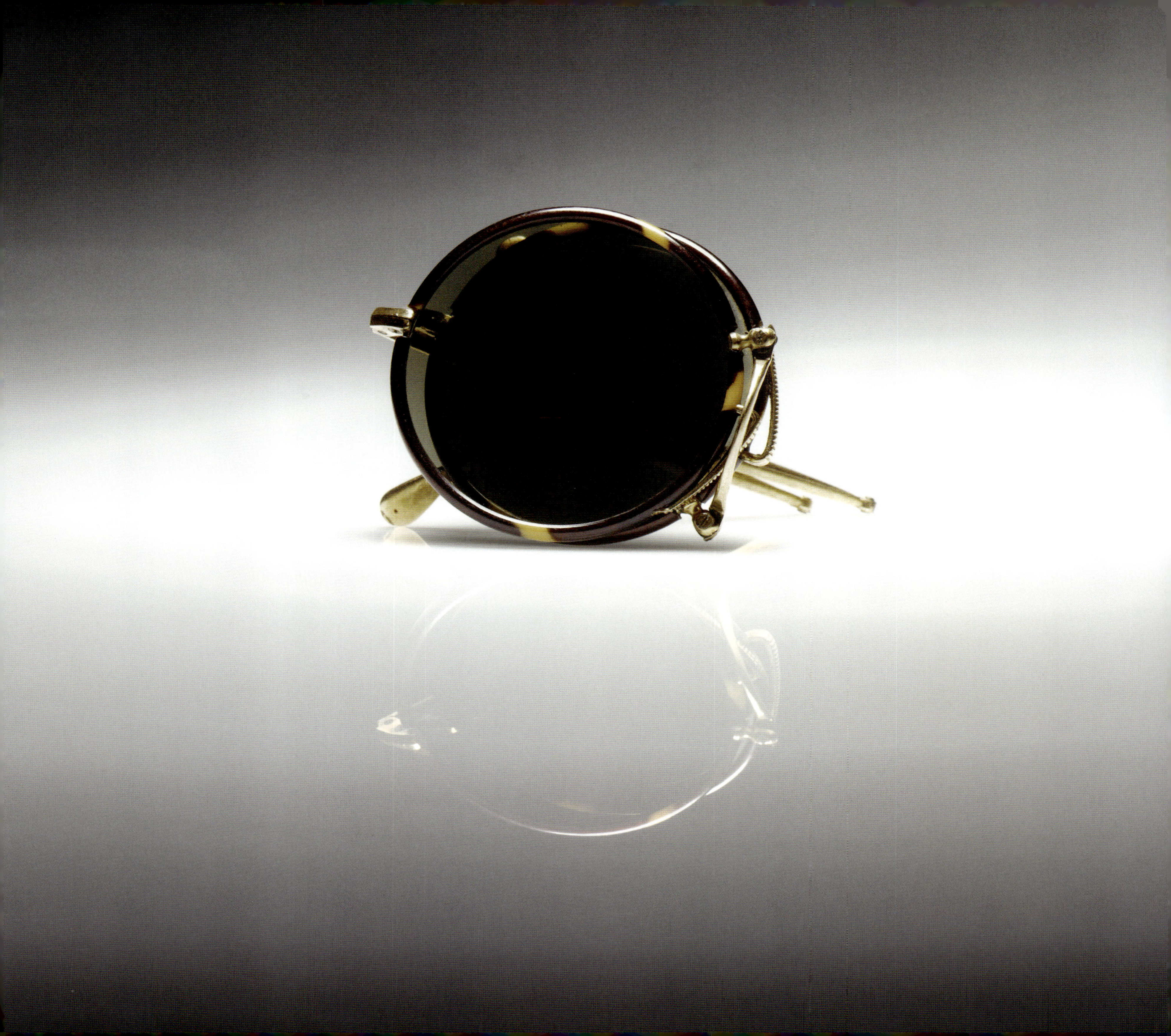

幅広のまっすぐなツルがついた鼈甲製フレーム。

コンビネーションフレーム。アメリカ製。1930年代後半。

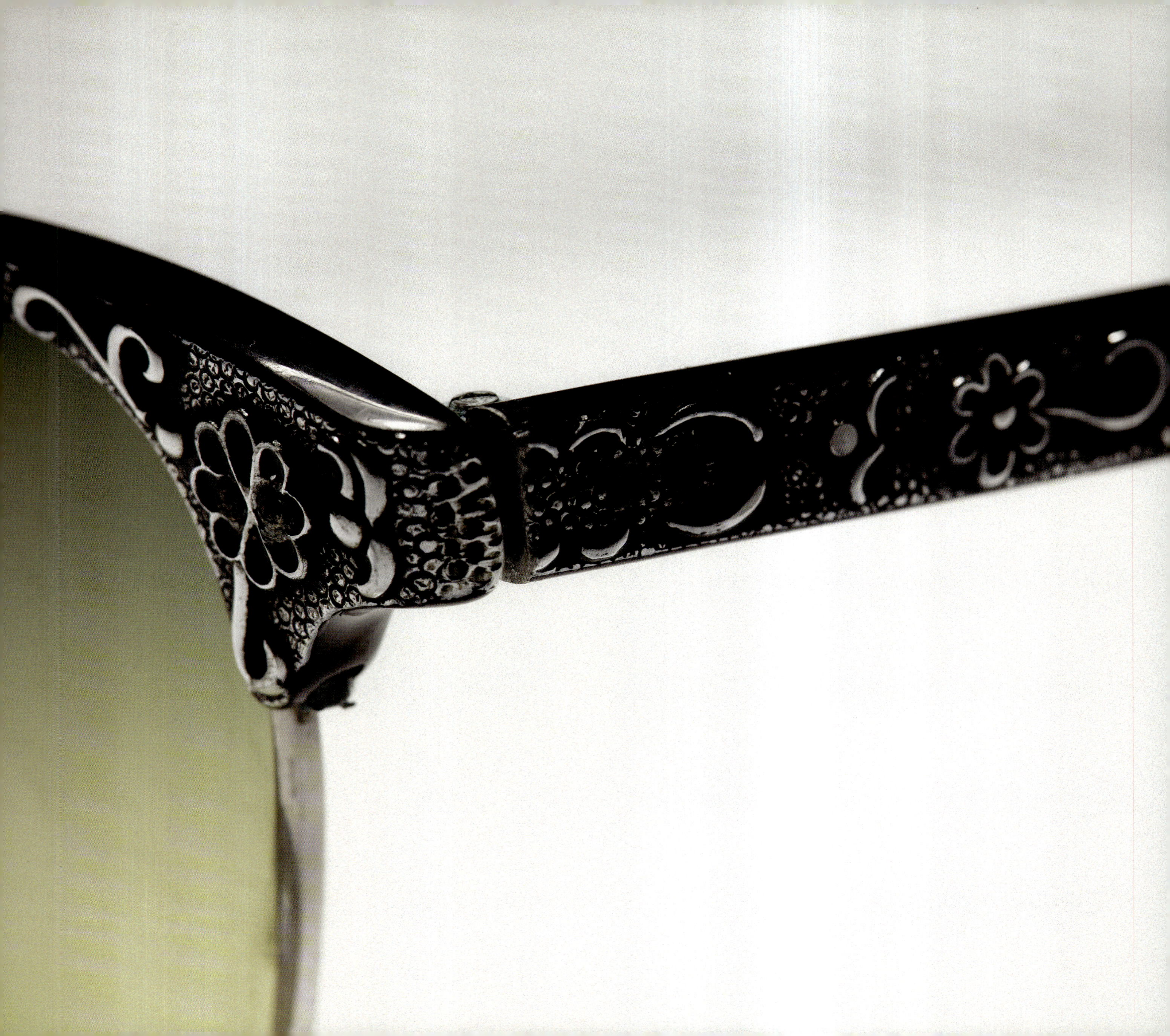

1940 年代

女性用メガネの進歩

1946年の夏、イギリス版『ヴォーグ』誌はその表紙によって、とんでもなく大胆なファッションメッセージを打ち出した。それは、モデルもオートクチュールも使わず、無地の背景にカラフルなメガネとサングラスをずらりと並べた、目を引くデザインだった。当時としては異例の表紙だっただろうが、メガネはファッション界で大きく扱われているのだという明確なメッセージを送るものだった。同様に、アメリカやヨーロッパのメガネデザイナーはファッションに注目し始め、最新の色や季節のトレンドを生かして最先端のフレームを創作していた。女性のメガネにおいては、生地の柄をコピーするところまで進歩していた。ところが、フレームの形はといえば、アメリカのハーレクイン型は別として、男女ともに変わりばえのしないまま（たいていは丸型か楕円型）だった。1920年代に現れた男女のスタイルの違いは、さらに顕著になった。

メガネへの考え方が変化するにつれて、アイウェアは新たなイメージを着実に築きつつあった。トップブランドや百貨店は長いあいだ、消費者を狙うのに雑誌や新聞での宣伝広告を使っていた。しかし、音声映画が進歩し、ハリウッドが黄金時代を迎えるとともに、新たな広告のチャンスに気づいたのである。製品に性的アピールや華やかさを加えられる銀幕の新星たちが、ブランドの広告塔として引っぱりだこになった。第2次世界大戦の後遺症が残っている中、骨太のリアリズムが取って代わったのは、1930年代に席巻したアップビートなミュージカルやメロドラマやファンタジーやアニメーションだった。その典型といえば、『クレオパトラ』（1934年）、『オズの魔法使い』（1939年）、ウォルト・ディズニーの『白雪姫』（1937年）などである。1940年後半のスターたちは、映画好きが共感できる実像の人物だった。アメリカの俳優、ジョーン・コールフィールドとアン・シェリダンがよい例である。前者はボシュロム社の印刷物による宣伝に登場し、後者は「あなたの目に星の輝きを」という謳い文句のもとに、ソーラーレックス社のサングラスのコマーシャルに出た。

当時は古典的なフィルムノワールの時代で、登場人物には雰囲気たっぷりの外見と、シニカルな人生観、悲観的な世界観、危険な香りといったムードが持たされていた。イーディス・ヘッドのような衣装デザイナーは、自身もファッションリーダーとしてメガネをかけたが、役柄に神秘的な雰囲気を持たせるために暗い色のメガネを使った。たとえば、バーバラ・スタンウィックが『深夜の告白』（1944年）で演じた浮気性の殺人犯には、色つきのハーレクイン型フレームを使って、とらえどころのない危ない女の感じを出している。こうした映画に登場するスタイリッシュなフレームの形は、華やかなゆえに多様な現代的解釈を引き出した。その顕著な例の一つとして、プラダの姉妹ブランドで最高級のファッションブランドであるミュウミュウが、1940年代のフィルムノワールからインスピレーションを得たアイウェアを2011年秋物コレクションに登場させたことが挙げられる。

最初のいわゆる"デザイナーズ"フレームは、高級服メーカーのロシャスの創業者で、フランスの婦人服デザイナーでもあるマルセル・ロシャスに

上：ロンドン、ヤードレー社の広告。1940年代なかば。
次ページ：伝説的な衣装デザイナー、イーディス・ヘッド。1944年。
60ページ：銀線細工の装飾を施した、女性用のコンビネーションフレーム。

1940年代

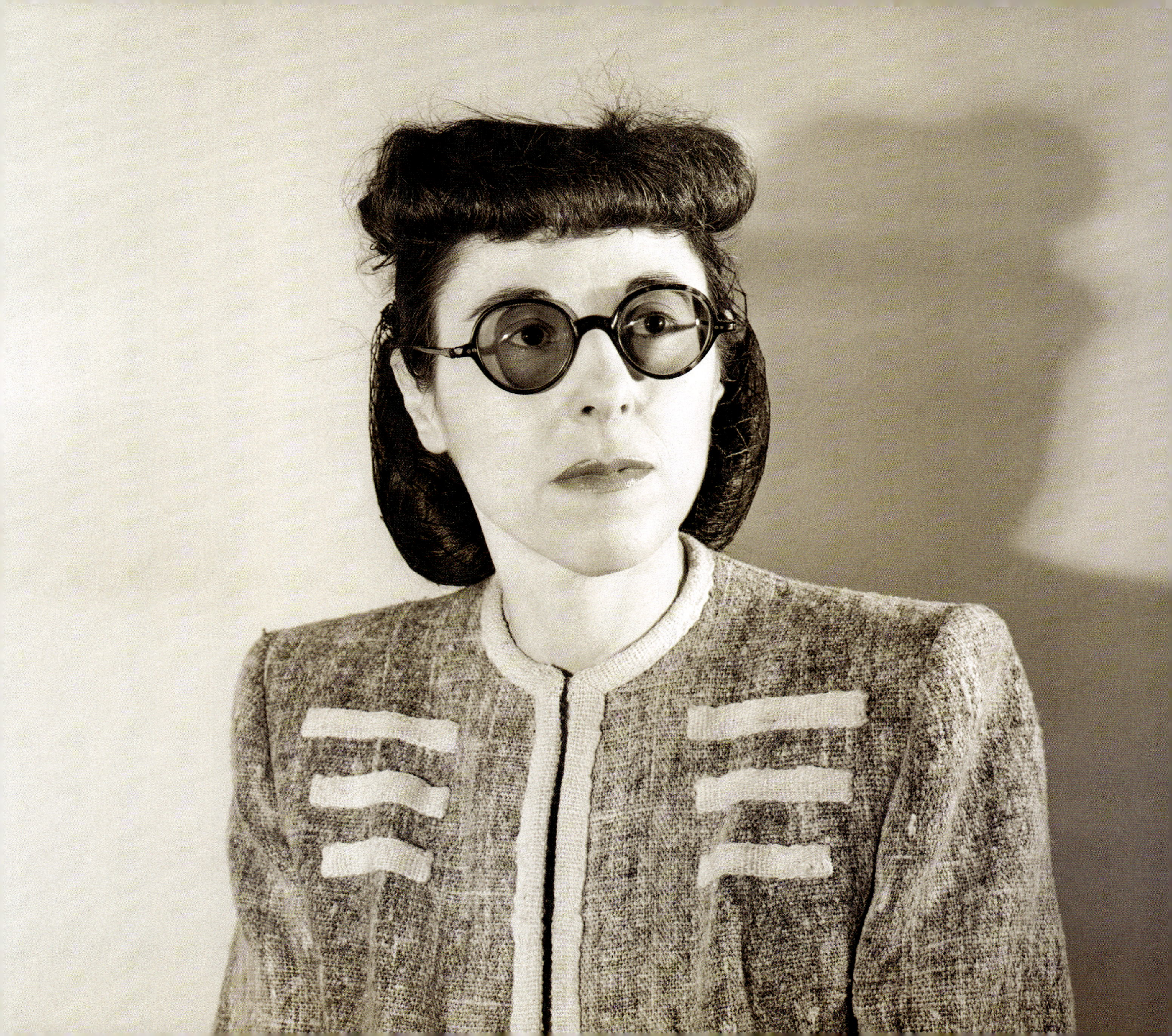

よって1940年に作られた。ロシャスは賛辞の言葉をなかなか認めようとしないが、彼のフラワーモチーフのプラスチック製フレームは、パリのアトリエで爆発的に売れた。そのフレームはトレンドの火付け役とはならなかったが、変化の機運が熟していたことを証明した。

　イギリスは戦後、アメリカやフランスやイタリアほど早くにはフレームの新スタイルを取り入れなかった。イギリスのナショナル・ヘルス・サービス（NHS）が1948年に設立されて、当初はメガネが無償だったが、予算がすぐに使い尽くされて有償になった。NHSのメガネは、肌色の酢酸セルロース製や縁なしメガネ、鼻メガネしか含まず、スタイリッシュというよりは機能優先だった。製造は低迷し、NHSが提供する限られたデザインのものと、洗練されたデザインのものを買う余裕のある人たち向けのカスタムメードのフレームのあいだには大きなギャップがあった。海外では大量生産された革新的で斬新なフレームがどこでも手に入るのに、イギリスの上流階級の人々は相変わらず昔ながらのフレームを愛用していた。1940年代後半には、アメリカでもイギリスでも、成形フレームに酢酸セルロースを使ったおかげで、メガネの製造は安価になり、形や色や装飾のデザインが自由自在にできるようになった。

　フランスやイタリア、ドイツ、そしてとりわけアメリカでは、フレームの製造に、より広範な素材が使われるようになった。アルミニウムや酢酸セルロース、透明や真珠様光沢のあるパステルカラーのパースペックスは、圧倒的に女性のメガネに登場する。女性のメガネは真珠やディアマンテ、金や銀などの金属の装飾で飾り立てた、ますます装飾的なものになっていた。こうした凝ったデザインのものは百貨店で売られた。ファッションが求めたのは、女性がいろいろな種類のフレームを持つことだった。たとえば、夜会用には宝石がちりばめられたメガネ、その代わりスポーツウェアや普段着にはよりシンプルなものというふうに。アメリカの製造業はかなり進歩的で、ツルを形作る積層板のあいだに装飾模様やレースの生地をはさむようなスタイルまであった。ときには生地を飾りとしてはみ出させたままにしたり、特定の生地を使ってオーダーメードのメガネを作ったりすることも可能で、女性は頭から爪先までの服装一式をコーディネートすることができるようになった。若い世代は、一度はアイウェアの中心的存在となった鼈甲縁やフクロウを思わせる角縁に強い抵抗感を持っていた。

　時を同じくして、レイバンがアメリカ空軍の依頼により、まぶしい光を遮断する鏡張りの反射コーティングつきレンズを生み出した。鏡張りのレンズはパイロットに評価され、スキーウェアにもすぐに採用された。そして1940年代後半にアメリカで一世を風靡した。この鏡張りのパイロット用アビエーターのフレームは、軍用として何十年ものちまで残り、そのスタイルは『トップガン』（1986年）のような映画で広く知られるようになった。

　1940年代終わりには、メガネ店は主要な都市ならどこでも見られるようになり、とりわけ女性はデザインの進歩の恩恵を受けるようになった。デザイナーやメーカーは、高価な宝石と同じようにフレームを扱うことで、女性のメガネの売り上げが飛躍的に向上することを知ったので、今まで以上に凝った装飾と配色を心がけるようになった。

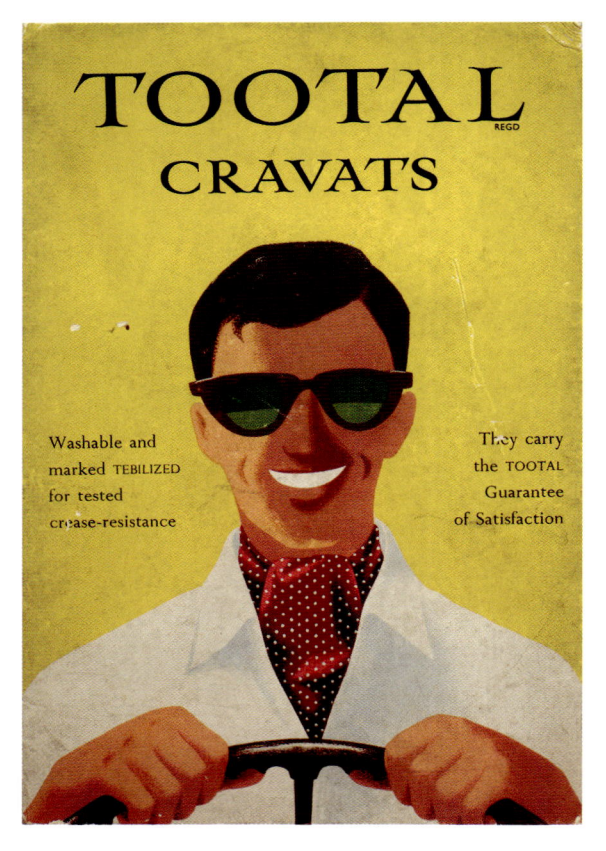

上：1940年代、イギリス、トゥータル社のスカーフの広告。
次ページ：イギリス版『ヴォーグ』誌、1946年8月号。
66ページ：金張りのブリッジとツル、酢酸セルロースの縁がついた、イギリス、アルガ社のデザイン。
67ページ：UKオプティカル社による、上にカーブしたキャットアイのデザイン。

64　1940年代

VOGUE

INCLUDING VOGUE PATTERN BOOK

Beauty and
Younger Generation
AUGUST, 1946   PRICE 3⁴
THE CONDÉ NAST PUBLICATIONS LTD

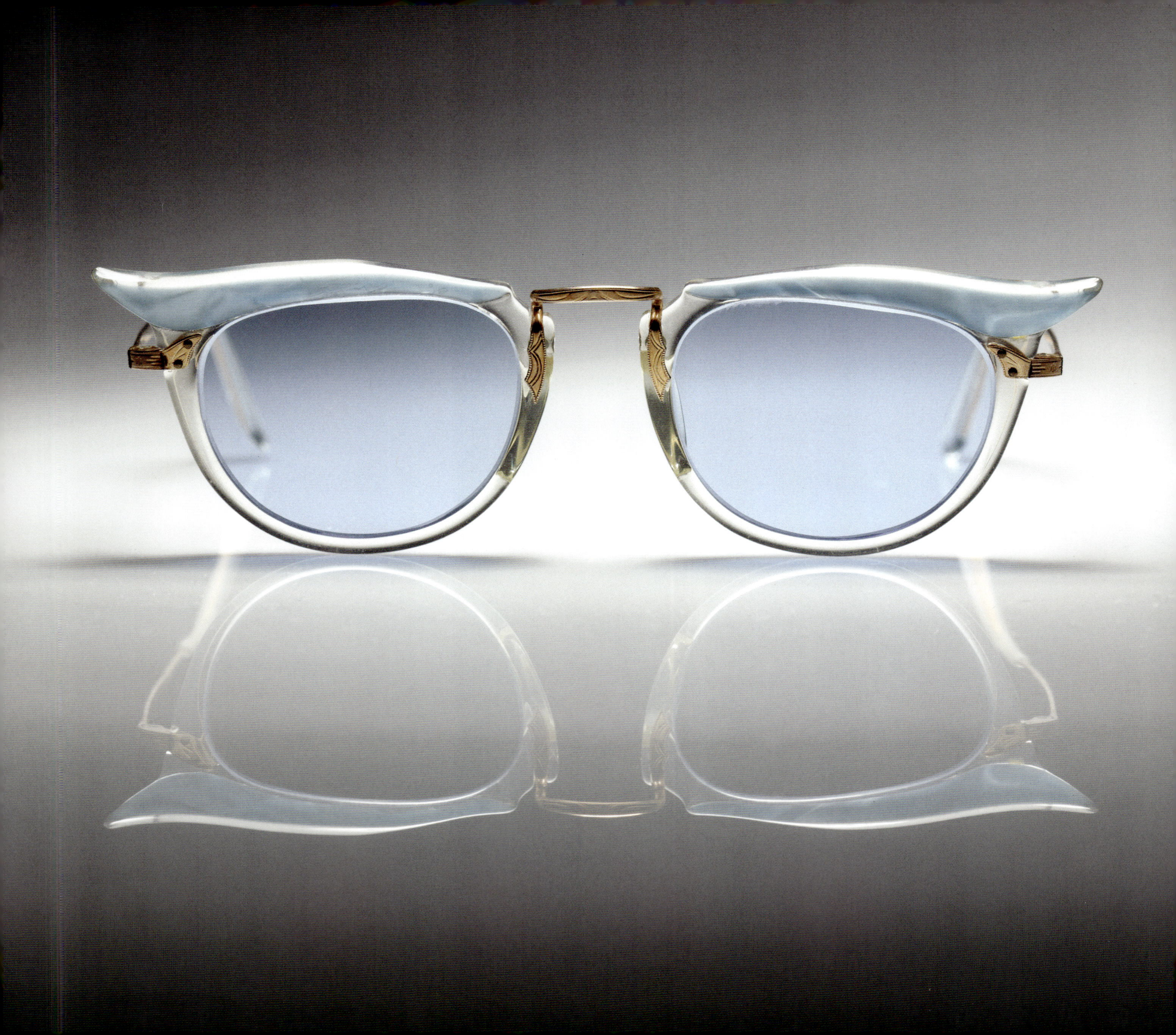

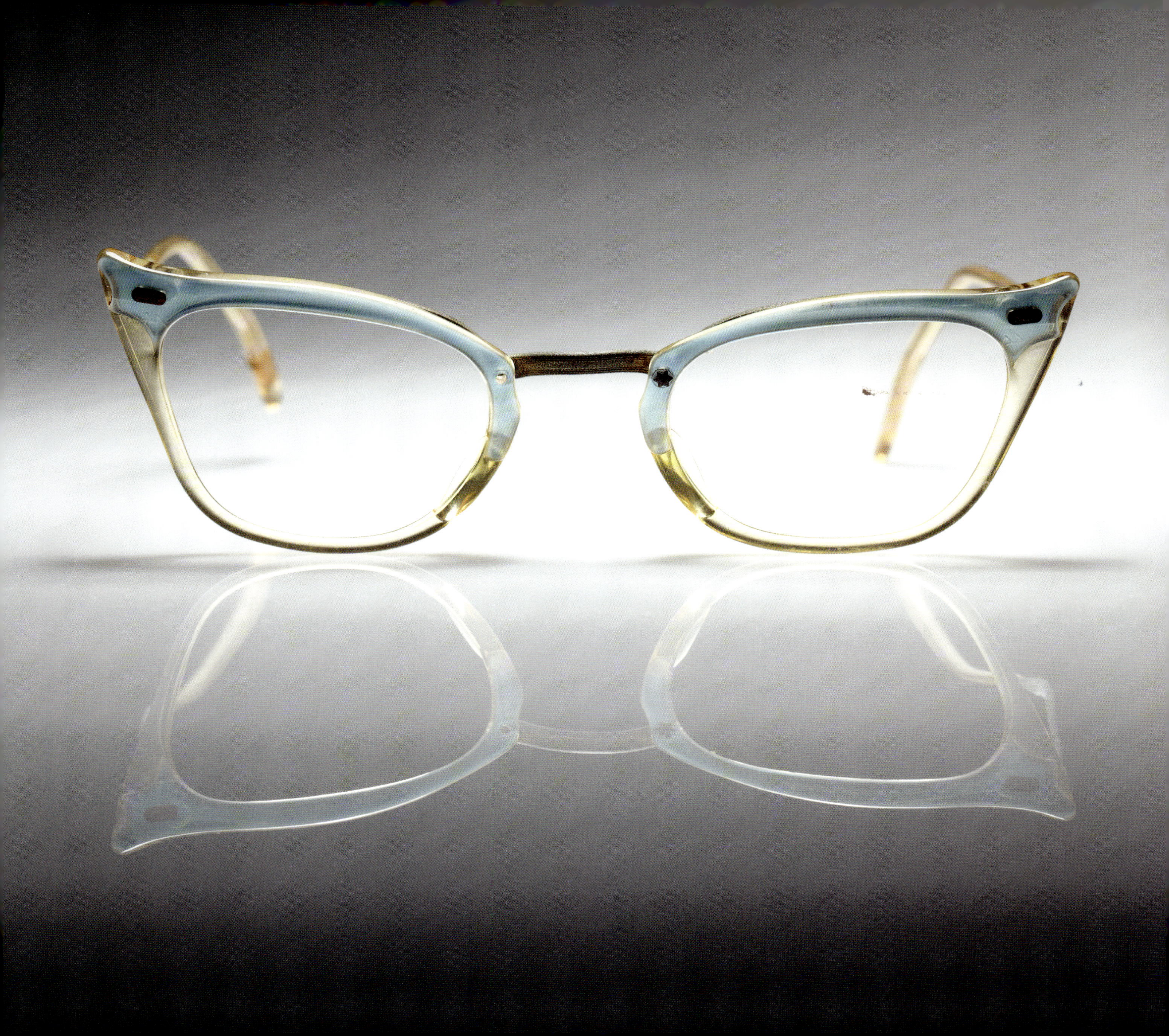

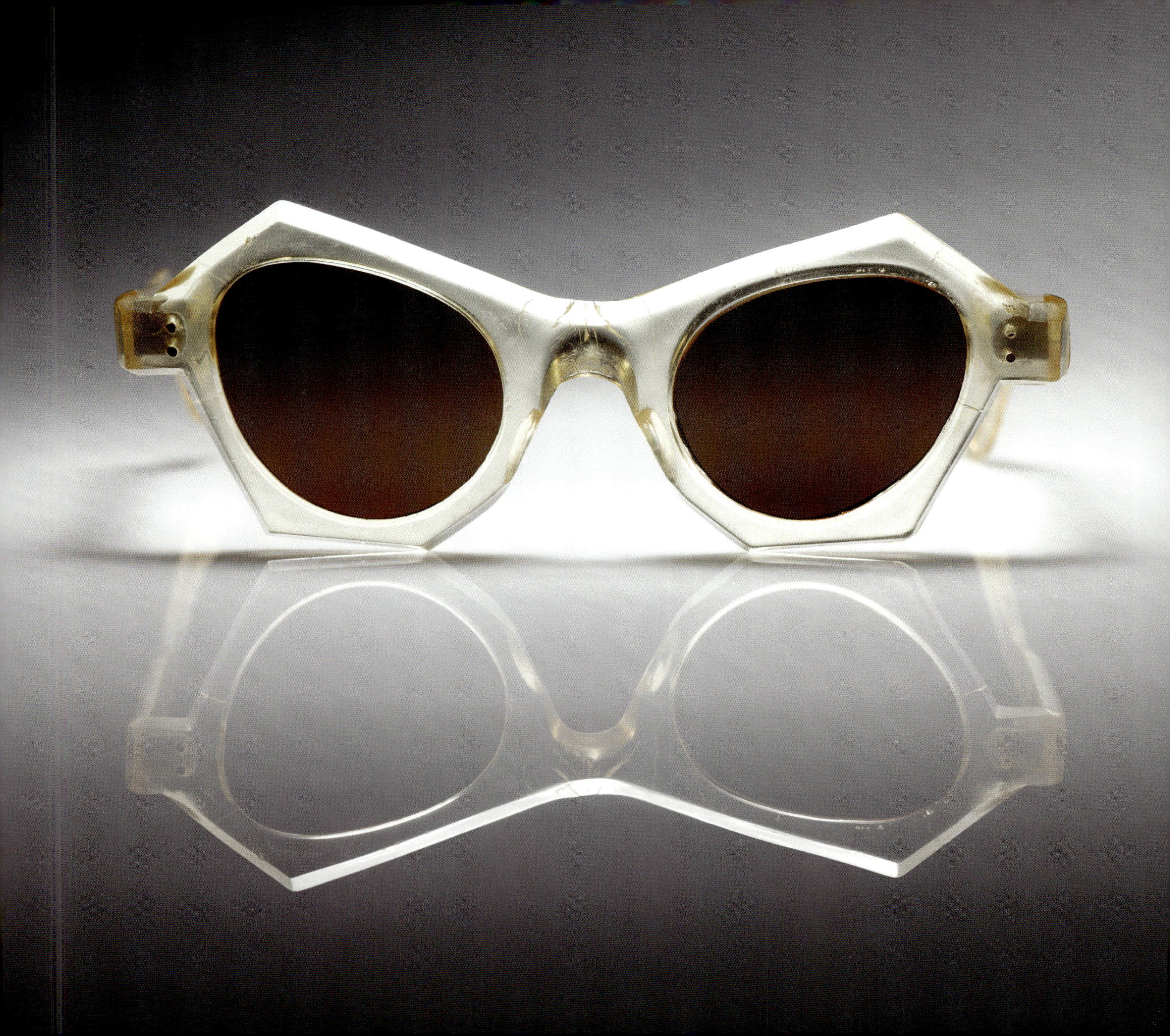

上：格子柄のアメリカ製サングラス。服装とコーディネートしたフレームというトレンドを反映したもの。
前ページ：珍しい幾何学的な形のキャットアイ。フランス製。

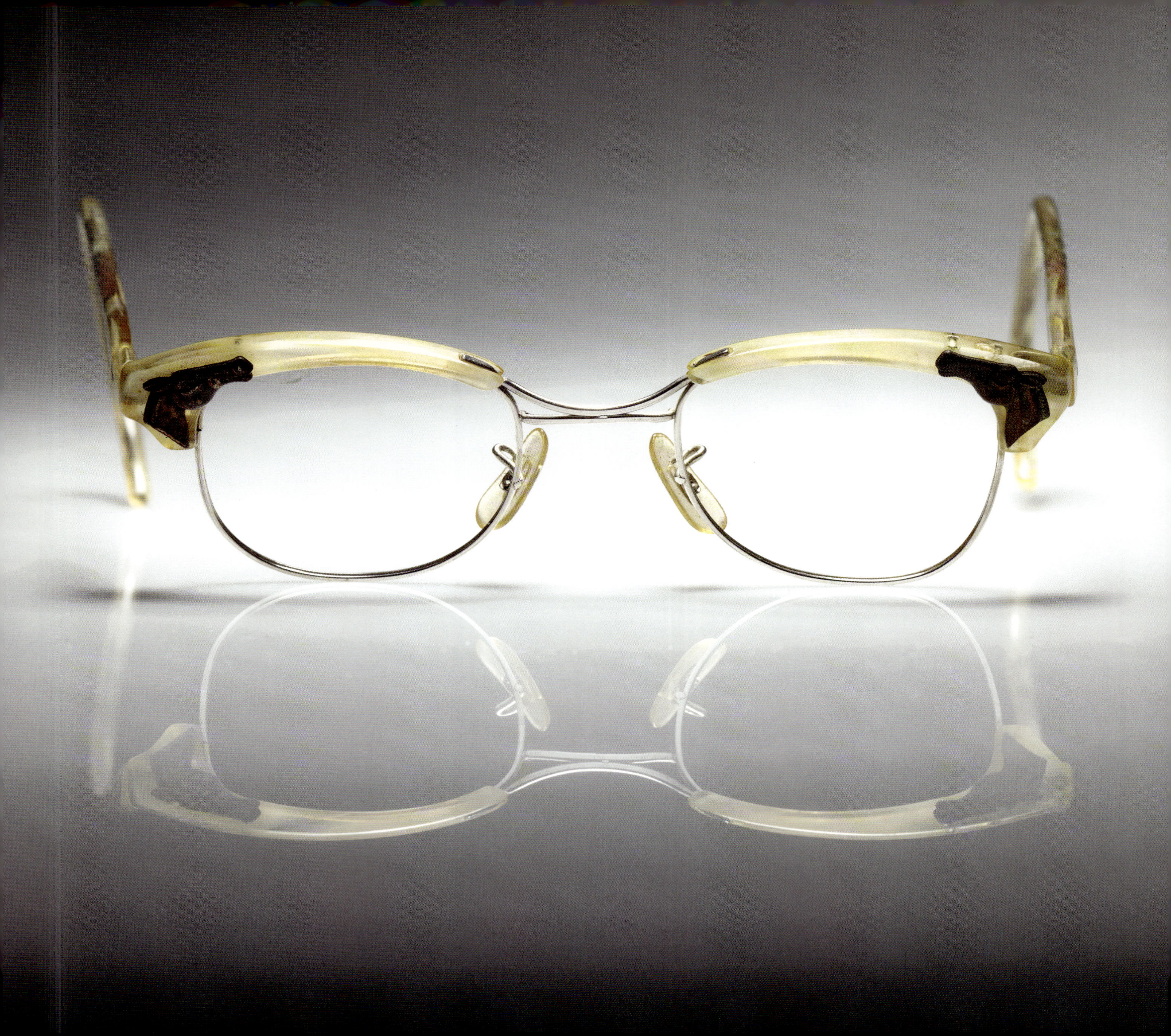

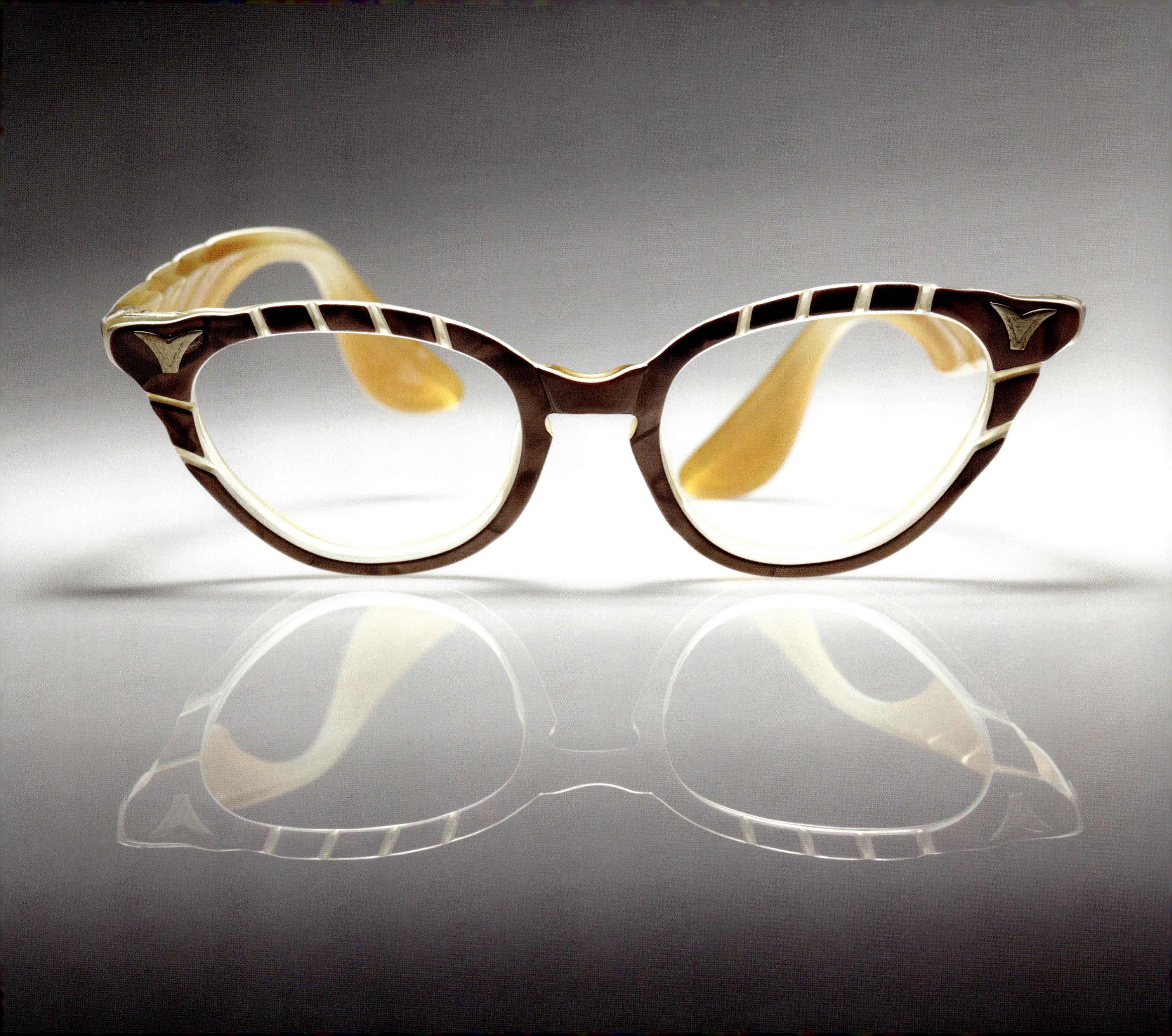

70 ページ：
馬をモチーフにした目新しい
銀の装飾がついた子供用メガネ。

71 ページ：
表面をカットを入れてクリーム色の
下層を露出させた、茶色の
ハーレクイン型フレーム。
1940 年代後半。

上・下・次ページ：
1940 年代の進歩によって、
メガネの装飾はより凝ったものに
なった。このディアマンテの
サングラスはそのトレンドを
よく表している。

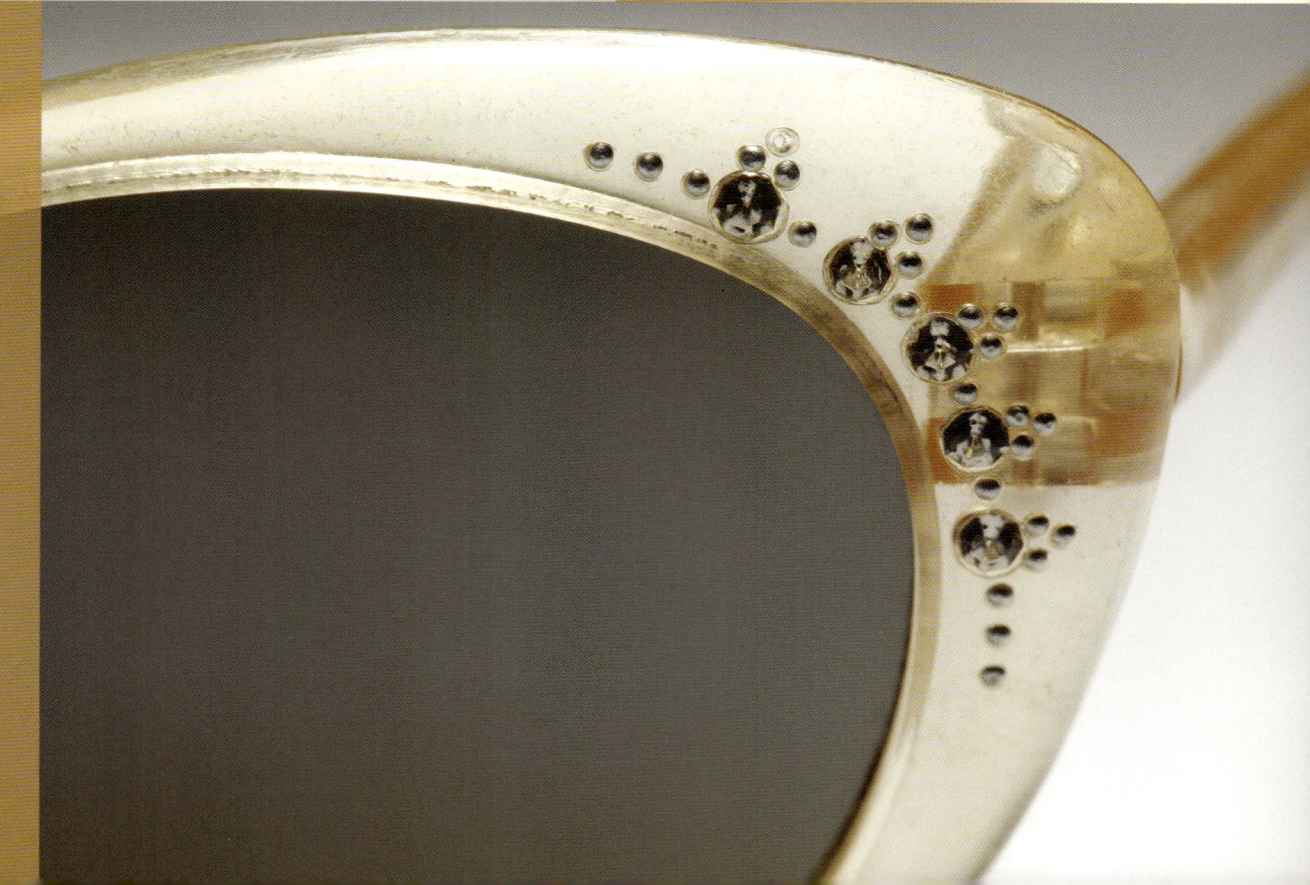

1940 年代

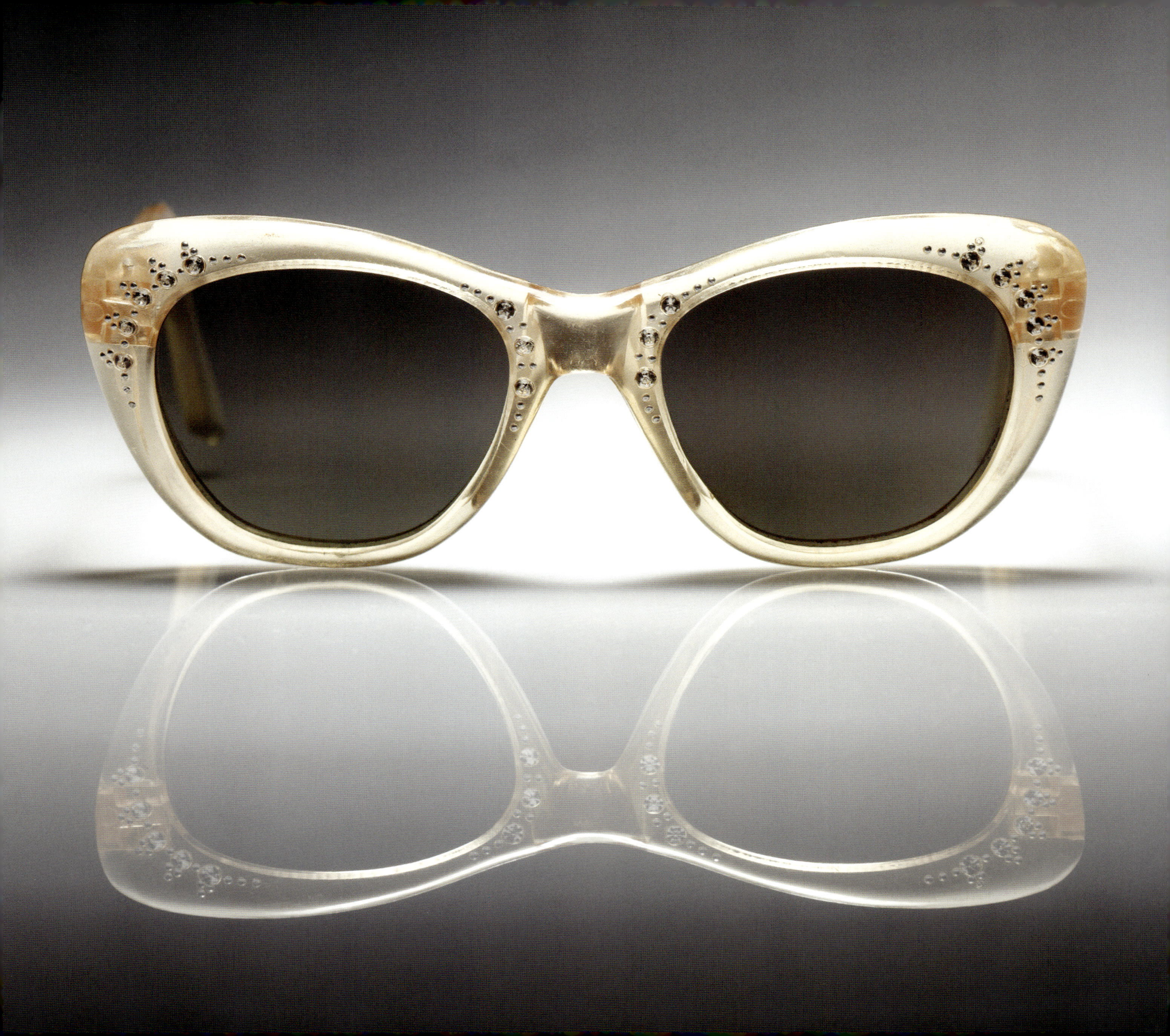

メタリックシルバーの斑点をつけた黒のサングラス。フランス製。1940年代後半。

ツートーンに染め分けた成形プラスチック製フレーム。

上：金のフレームが一カ所だけついた、縁なしの女性用メガネ。
次ページ：金のメープルリーフのデザインがついた、ハーフアイ型の読書用フレーム。

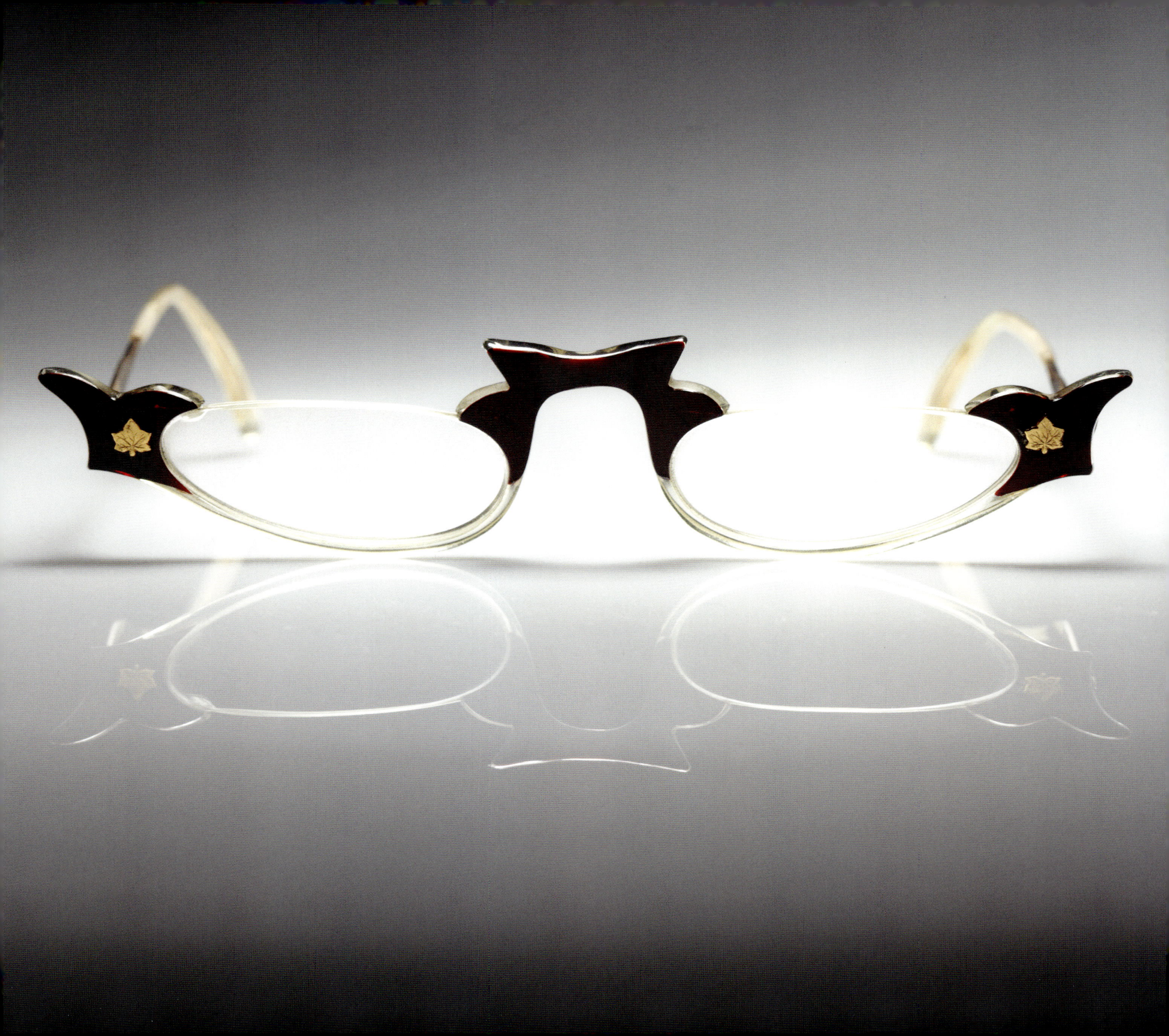

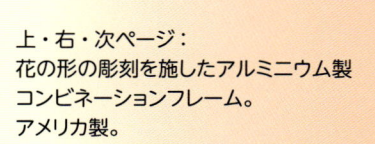

上・右・次ページ：
花の形の彫刻を施したアルミニウム製
コンビネーションフレーム。
アメリカ製。

78　1940年代

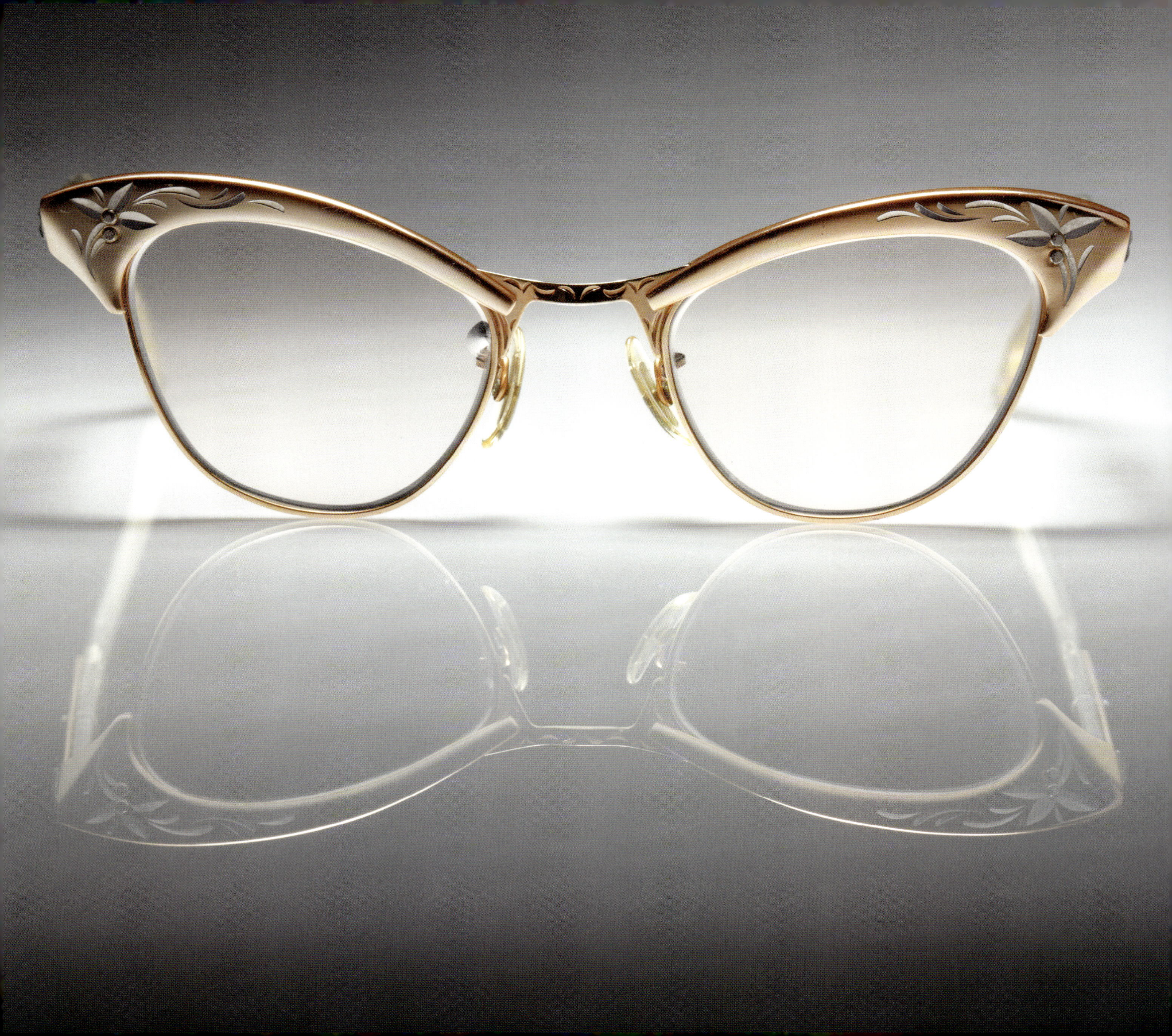

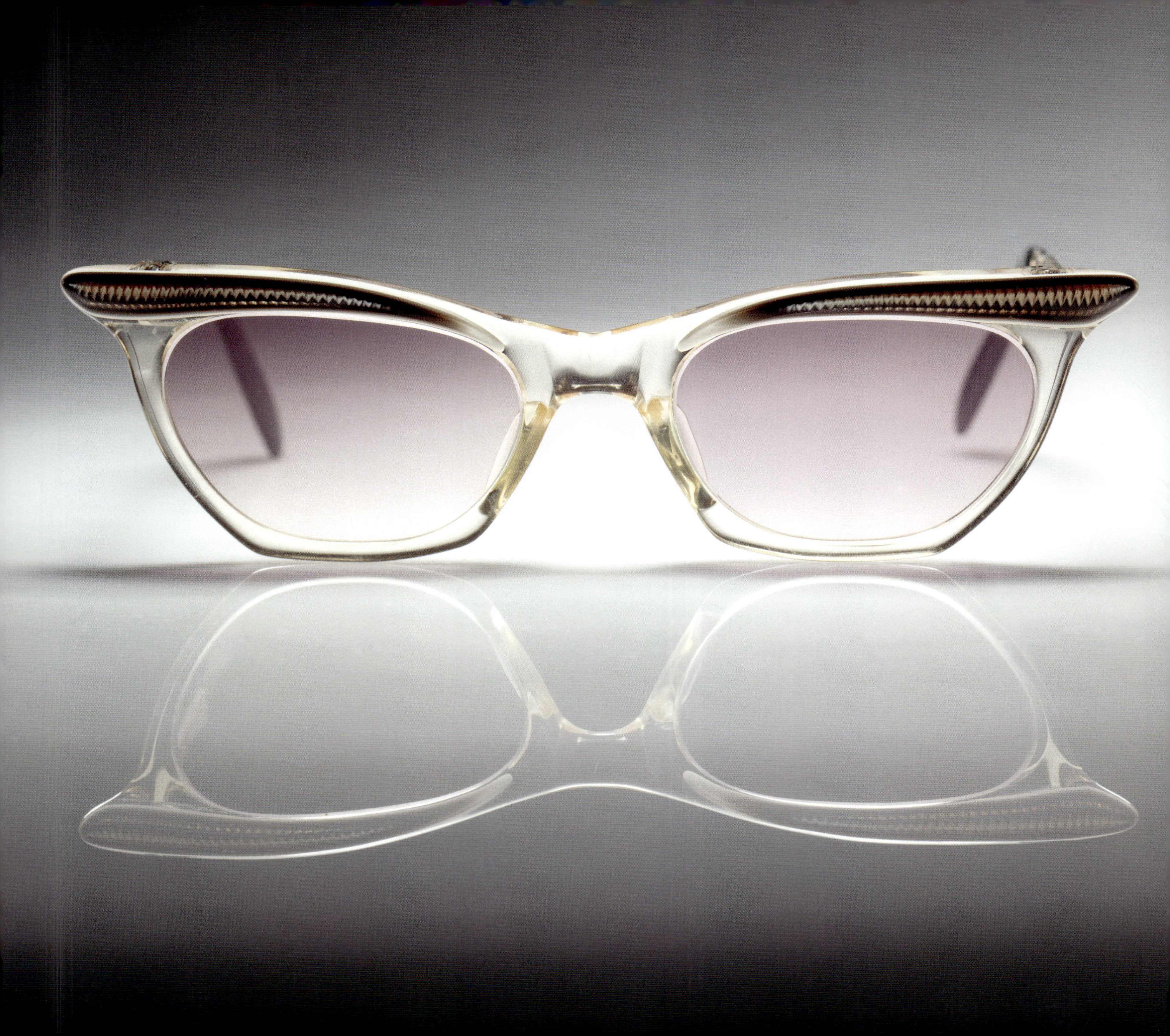

上：アールデコ調の金の彫刻を縁の角に施した、ミラータイプのレアなサングラス。アメリカ製。
前ページ：紫に色づけされたレンズと、金の装飾がはめ込まれた半透明のプラスチック製フレーム。
アメリカ製。1940年代後半。

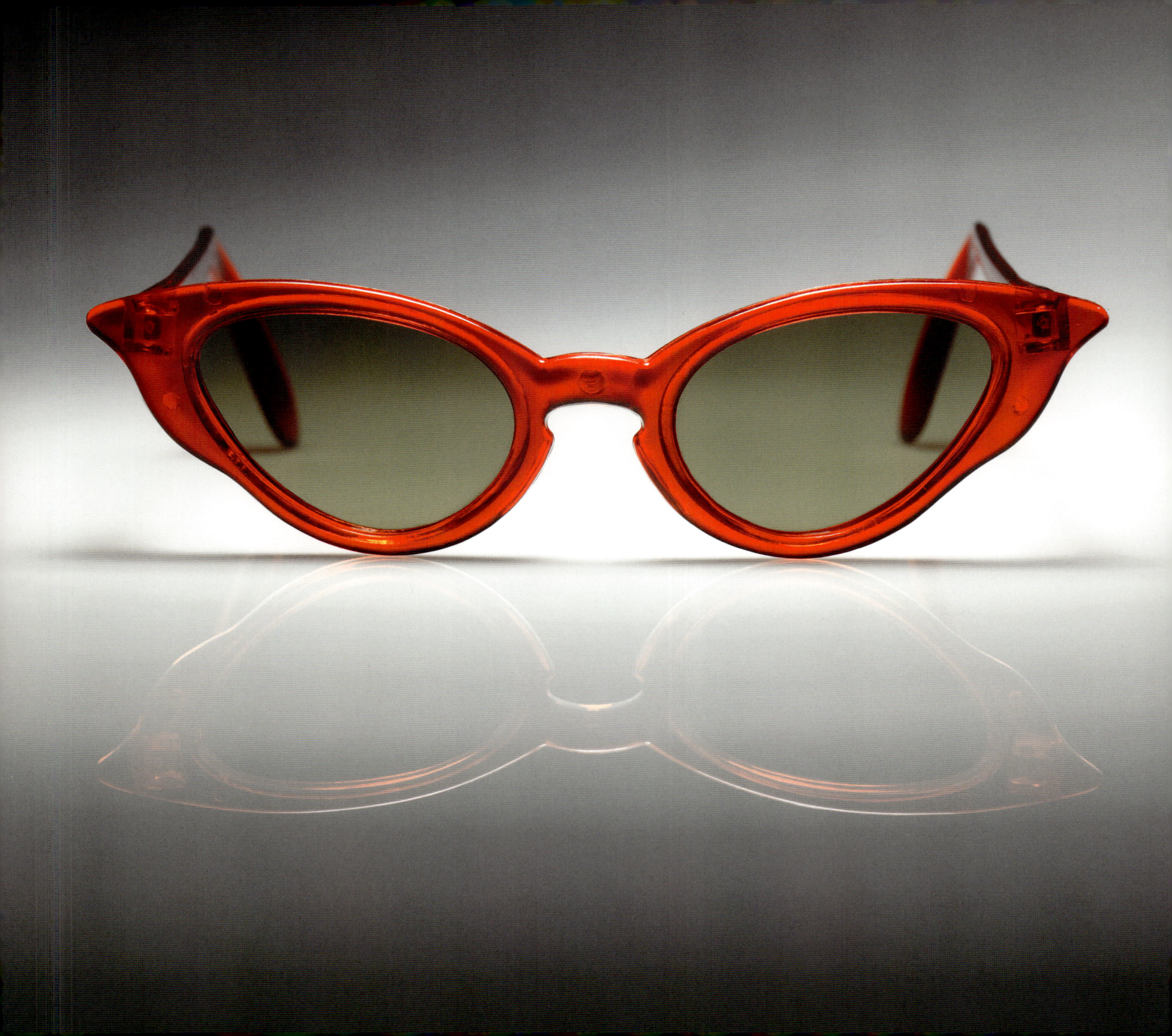

1950 年代

装飾の時代

1950年代は、メガネがファッションアクセサリーのマストアイテムとしての地位を確立するきっかけになった時代である。1940年代が終わりに差しかかったころ、戦中と戦後の機能的な服は徐々にゆったりしたものに代わった。婦人服はよりゆるく、女性っぽく、美的になり、鮮やかな色合いや柄や飾りを特徴とする装飾や軽さが新たに求められた。グレース・ケリーやマリリン・モンローのようなアメリカのスターたちは、40年代とはうってかわって体にぴったりした、官能的なドレスをまとい、まさにハリウッドの魅力を体現していた。

イギリス（衣料品の配給は1949年まで続いた）や、ほかのヨーロッパ諸国における戦争からの復興は、ゆっくりしたペースだった。一方、工業国アメリカは戦争を脱して、おおいなる繁栄の時代へと入っていた。急成長する広告産業は、贅沢なファッションや、わくわくさせる新素材を紹介した。アメリカのプラスチック産業、ひいてはメガネのデザインは、ヨーロッパのものよりはるかに進歩を遂げた。成形フレームの材料には酢酸セルロースやセラニーズ（ブランド名はロセルという、さまざまなプラスチック）、ナイロンといった安価なプラスチックが引き続き使われ、最もシンプルなスタイルでも、ざらざらした質感に仕上げたり、パステルカラーや紫色、青銅色、すみれ色、青色、白っぽい青色などの斬新な配色の、きらきら光る積層板をつけたりすることができるようになった。層状のアセテート・プラスチックを曲げやすい金属と一緒に使う新しい技術は、1950年代のあいだにアイウェアのデザインをかつてないほどの水準に高めた。しかも、素材が低価格なために、いまだに広く使われている。

アクセサリーは1950年代の女性ファッショにおいて重要な役割を果たした。手袋やハンドバッグ、ポケットチーフ、宝石などの小物類は、装いを引き立たせてくれる存在だった。とくにアメリカでは、メガネも同様に扱われ始め、女性たちはメガネを宝石の一部として見るようになった。フレームは真珠やディアマンテの装飾、金属製の花や動物、スタッド、彫刻などの装飾が施されるようになった。レンズは取りはずしのできるものが多く登場し、別のフレームにつけたり、夜会用のアクセサリーとして人気を保っていたエレガントな柄つきメガネに使ったりすることまでできるようになった。たいていにおいて新たな変化を受け入れるのを渋るイギリス人は、むしろNHSに提供された目立たない肌色のフレームを好んでいた。

女性たちは、宣伝広告によって、服装を引き立たせるためにさまざまな色のメガネを数種類持っておいたほうがいいという気になった。たとえば、昼間の活動やスポーツにはシンプルなもの、夜には凝った装飾のものというふうに。知識人は最も派手だった。蝶や鳥の羽根にヒントを得た形にデザインや装飾がなされ、夜会のティアラを思わせた。それでも、1950年代はキャットアイ型のメガネが主流だった。1940年代のハーレクイン型を引き継ぐそのデザインは、地味でシンプルなものから青色や緑色、黄色などの色つきレンズのものまで幅広かった。繊細なバリエーションが豊富にそろっていて、デザインの多様性は無限に広がっているかに見えた。

すると、顔立ちをよく見せるメガネを選ぶことが重要な検討事項になってきた。アメリカでは女性たち向けに、新しいデザインのメガネを展示して

上：ハーレクイン型フレームの広告。
次ページ：
『百万長者と結婚する方法』（1953年）で使ったメガネをかけたマリリン・モンロー。
82ページ：口紅色のキャットアイ。

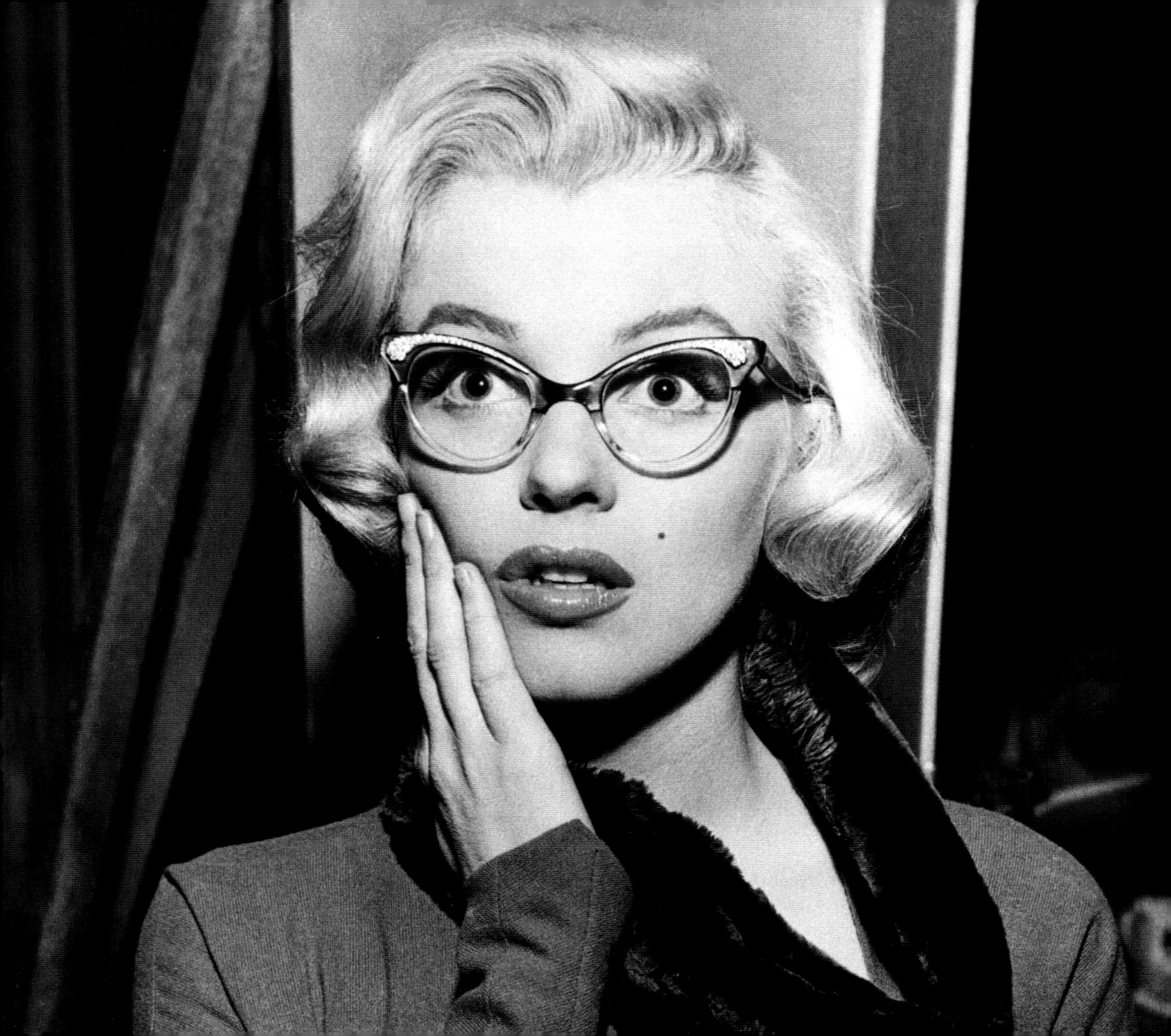

1950年代のファッションとの合わせ方を実演するという、アイウェアのイベントまで開かれるようになった。ラジオとテレビの司会者で、検眼医でもあったマーガレット・ドワリビー博士は、50年にビバリーヒルズのクリスタルボールルームで、メガネでは初となる展覧会を企画した。"ミス・スペックス・アピール"や"ミス・ビューティ・イン・グラシズ"といった年に一度のミスコンテストも、メガネをかけている女性はガリ勉タイプという一般的なイメージを変えるのに一役買った。そうしたイメージは当時の映画によって固められたもので、たとえば『百万長者と結婚する方法』(1953年)の中で、メガネをかけているマリリン・モンローは、「男の人はメガネをかけた女を敬遠するから」と嫌味を言う。これは、アメリカの詩人、ドロシー・パーカーの詩にある「男というのはメガネをかけた女をめったに口説かない」という一節をもじったものだ。

雑誌の記事が勧めたのは、凝ったメガネをかけるときは宝石やほかのアクセサリーは最小限にするということだった。髪はショートでオールバック、帽子は小さいものにして、ボタンイヤリングをつける。このスタイルは、エレガントで凝った新しいデザインのメガネにぴったりのカンバスを提供できるとして流行した。1950年5月にはイギリス版『ヴォーグ』誌の表紙が、エレガントな茶色のハーレクイン型フレームをかけたモデルを取り上げた。このように雑誌がサングラスよりも処方箋の必要なメガネを採用した動きは注目に値した。雑誌『マドモアゼル』も1954年に、メガネに対する考え方が明らかに変わったことをバーニス・ペックの言葉を借りて示した。「最新のフレームは以前のものと比べてはるかに洗練されたものになった。新色はかつてないほど鮮やかで、繊細で、強烈、かつ落ち着いた色合いである……そしてプラスチックや金属などの新素材と新しい製造法が、並はずれた手ざわりと仕上げをもたらした。顔立ちを最高に引き立てつつ、実用性も兼ね備えた斬新な形は、まさにすぐれたデザインと言える」。

サングラスはもはや単なるフレームではなく、ファッションアクセサリーとして扱われた。メーカーはメガネのデザインを重要視するようになり、著名なファッションデザイナーがそのデザイン技術をフレームに生かすために招聘された。アメリカのデザイナー、クレア・マッカーデルは、戦時の質素生活のあとに登場したシンプルでゆったりしたスポーツウェアのスタイルを生み出して名を成した。そして、自分の名前を入れたフレームのラインを作った。名前を刻印するのは初の試みだったが、これがその後の数十年できわめて重要なファッションシンボルとなっていくのである。彼女のデザインは、1950年代の雑誌の広告に「フレームの中に名前を探せ」というキャッチフレーズつきで数多く取り上げられた。

1955年にはアメリカン・オプティカル社が、国際的に有名なイタリアのデザイナー、エルザ・スキャパレリに自身のメガネのコレクションを作るように依頼した。縁なしフレームを含むその革新的なデザインは、高級なメガネブティックだけで売られ、有名人がフレームを売りにするという、現在も続くトレンドに火をつけた。実は、スキャパレリがメガネ作りに挑戦したのは初めてのことではなかった。彼女のフレームはファッション界に衝撃とヒントの両方を与えていた。なんといってもよく知られた例は、青い羽根のついた"アイラッシュ"フレームで、シュールレアリスムの芸術家であるサルバドール・ダリやジャン・コクトーの作品からインスピレーションを受けたものだった。彼女はときおり彼らと共同制作を行い、1951年には『ライフ』誌に取り上げられた。こうした大胆なデザインは、ペギー・グッゲンハイムのようなシュールレアリズム志向の芸術の

擁護者（パトロン）たちに人気が高かった。ペギーは、1960年代や70年代でも違和感のない大きなフレームのメガネをかけた姿で記録写真に残っている。中でも印象的なメガネは、アメリカの画家であり彫刻家であったエドワード・メルカースが彼女のために特別にデザインしたもので、大きな蝶の形をしていて、ベネチアのグッゲンハイム美術館によって販売のために改良・複製がなされている。

　女性用とは対局的に、男性のメガネはスタイリッシュさを保った男性的なもので、スーツやスポーツジャケットに合うように黒い色みでデザインされていた。太くて黒い角の縁と鼈甲風のブロウバーがついたメガネは、男性ファッションの頂点を極め、ロックンロールのスター、バディ・ホリーに支持された。しかし、この時代に限らず、どの時代にも登場した最も象徴的なフレームは、レイモンド・スティグマンが1952年にデザインしたウェイファーラーだった。ウェイファーラーはレイバンによって新しいプラスチックの成形技術で製造された。同社の伝統とも言える金属縁のアビエーターとはかけ離れていたが、時代を超えて爆発的に人気が出た傑作であり、以来、主役であり続けた。ジェームス・ディーンは、1950年代の抜きん出たスタイルの象徴だった。黒縁で黒いレンズのサングラスをかけ、Leeのジーンズとシンプルな白のTシャツを組み合わせたスタイルは、"反抗者"という独特のイメージを創り、彼を有名にした。

　ウェイファーラーのファンだとされているもう一人の著名人は、ジョン・F・ケネディ元大統領である。以前はケネディの所有物で、現在はボストンのケネディ博物館に保管されている鼈甲縁の2つのサングラスは、アメリカン・オプティカル社とカバーナ社製のものだ。また、映画『北北西に進路を取れ』（1959年）では、完璧なスーツ姿を見せたケリー・グラントがどこのブランドのサングラスをかけていたかが、いまだに論争の的になっている。それほど、スクリーンの中で創られた魅惑的なイメージが、その後の数十年にわたってスタイルにヒントを与えている。

　最も影響力のある、象徴的な女性といえば、グレース・ケリーだった。彼女は近視だったが、メガネ姿はスクリーンでほとんど見せていない。例外として映画『喝采』（1954年）のジョージ・エルジン役と、『泥棒成金』（1955年）では派手なサングラスをかけていた。ロンドンのヴィクトリア＆アルバート博物館において最近開催された展覧会では、彼女の私服のワードローブが展示されていた。カタログによると、「メガネとサングラスも含まれていて、それらは当時のファッションアクセサリーの一部として欠かせないものだった」とある。

　オリバー・ゴールドスミス社は、アイウェアデザインで最も魅力的なブランドの一つであり、1950年代に名を知られるようになった。フィリップ・オリバー・ゴールドスミスとして1926年に創業し、まず手始めに本物の鼈甲製フレームを手作りした。そして著名人の絶大なる支持を受けて、1956年7月、ダイアナ・ドースがカンヌ映画祭でかけるための、マーチンと呼ばれる凝った装飾のキャットアイ型フレームをデザインした。その人目を引くメガネは現在、ヴィクトリア＆アルバート博物館に保管されているが、マスコミの注目の的になり、その後の数十年には、著名人の顧客を多数生み出した。

　1950年代後半には、より軽いプラスチックが開発された。男性は、金属や金張り、縁なしのデザインの中から多岐にわたるフレームを選ぶことができるようになった。よりシンプルでより大胆な新しいデザインは、50年代を特徴づける凝った装飾のこだわったフレームから比べると、喜ばしい変化だった。雑誌の記事が、かける人を引き立てるようなメガネのデザインの選び方をアドバイスした。

上・前ページ：フランスのアイウェアブランドのアモール社と、ポラロイド社の広告。

上：上にカーブしたキャットアイ。イギリス製。1950年代後半。
次ページ：水晶製レンズがついた成形プラスチック製のキャットアイ。フランス製。

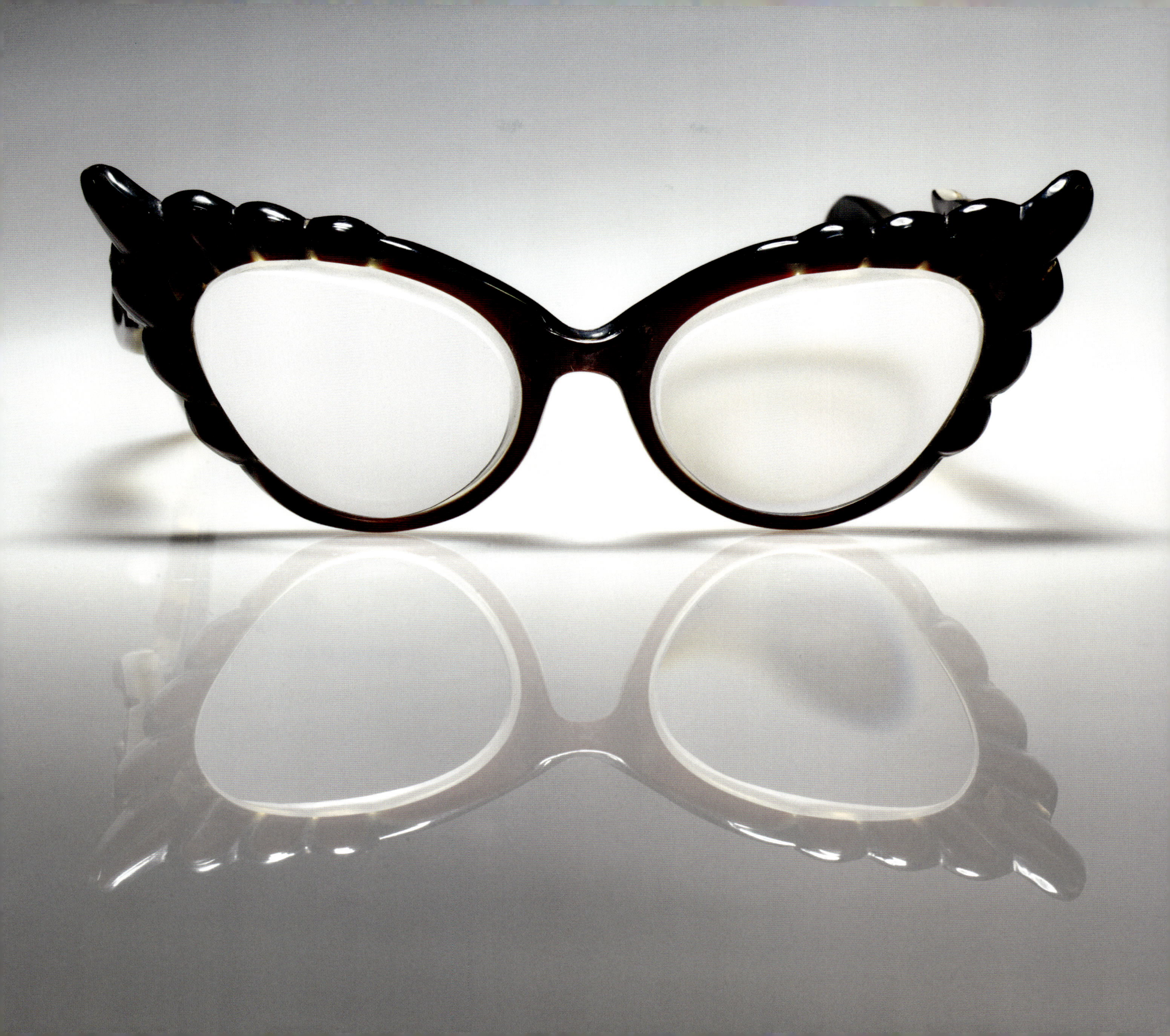

上：1950年代からインスピレーションを受けてアングロ・アメリカン社の
ローレンス・ジェンキンが90年代にデザインした、ディアマンテのはめ込まれた、
つや消しプラスチック製のキャットアイ。イギリス製。
次ページ：金属の線細工で渦巻装飾が施された縁なしメガネ。アメリカ製。

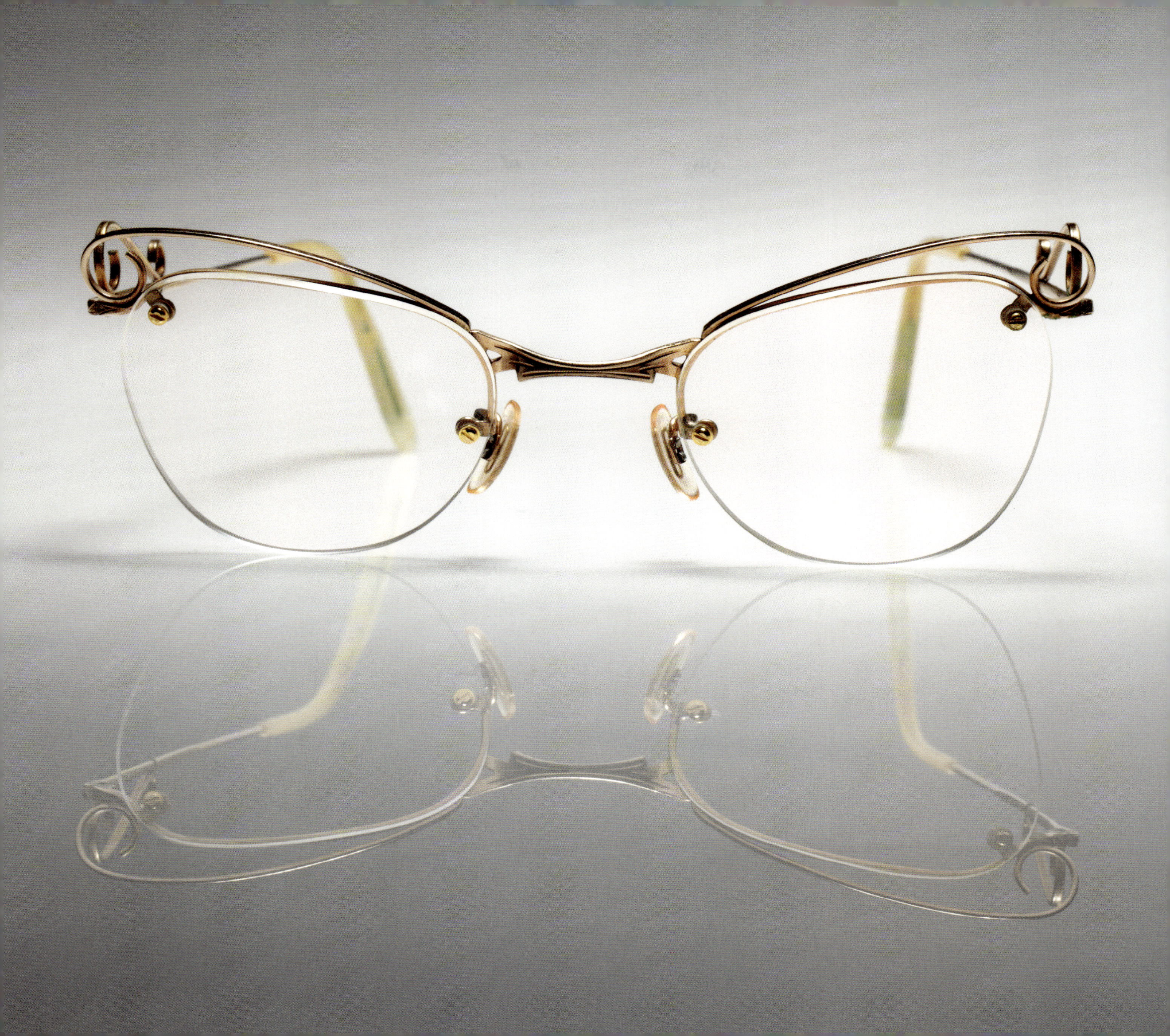

上・次ページ：1950年代初めの、蝶にヒントを得たデザイン。
近年この形がまた新たに人気を得ている。

94 ページ〜 95 ページ：ヨーロッパとアメリカのモデルのセレクション。
波状のツルから、人造の白蝶貝の表面をカットしたものまで、幅広い取り合わせ。

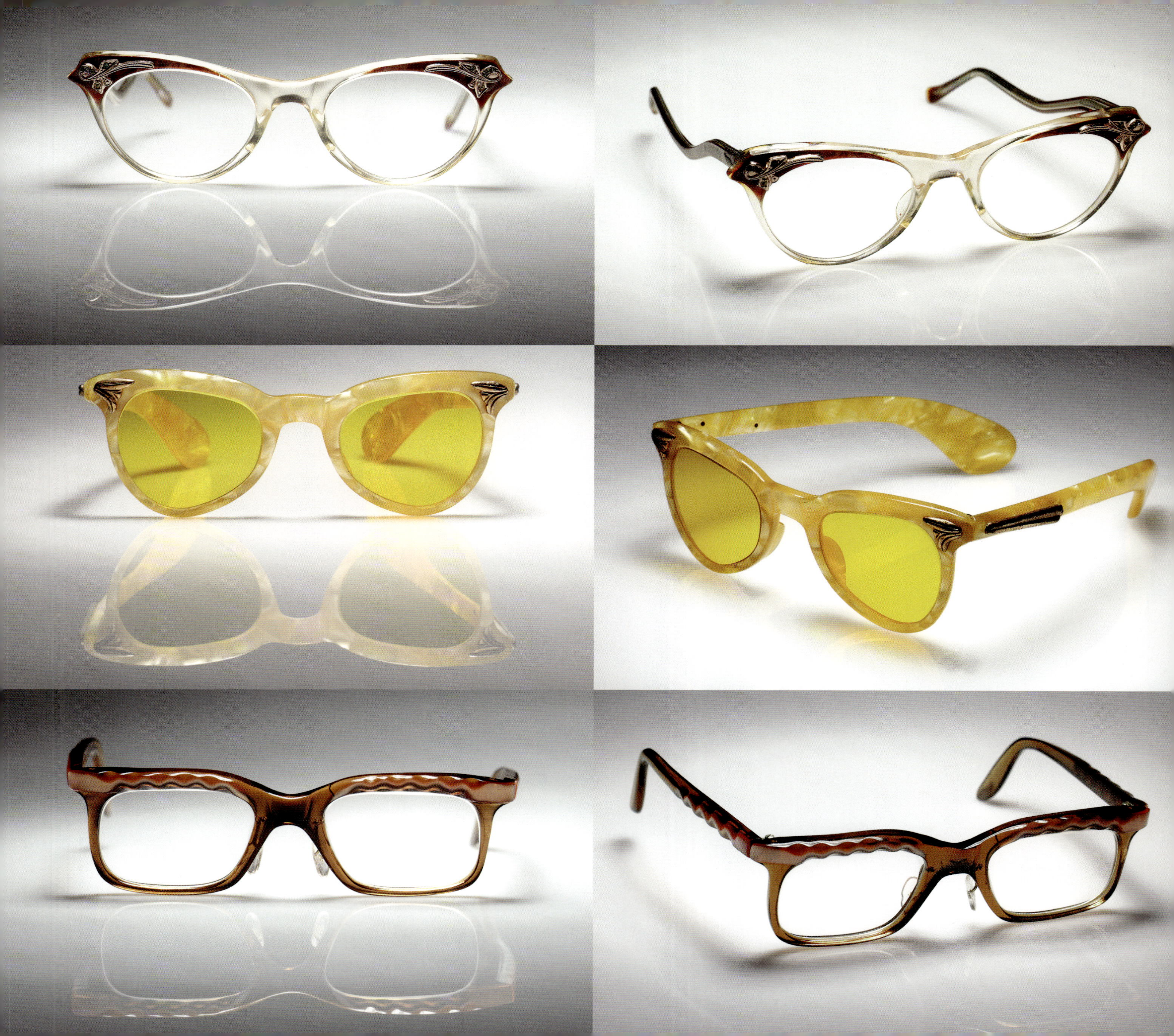

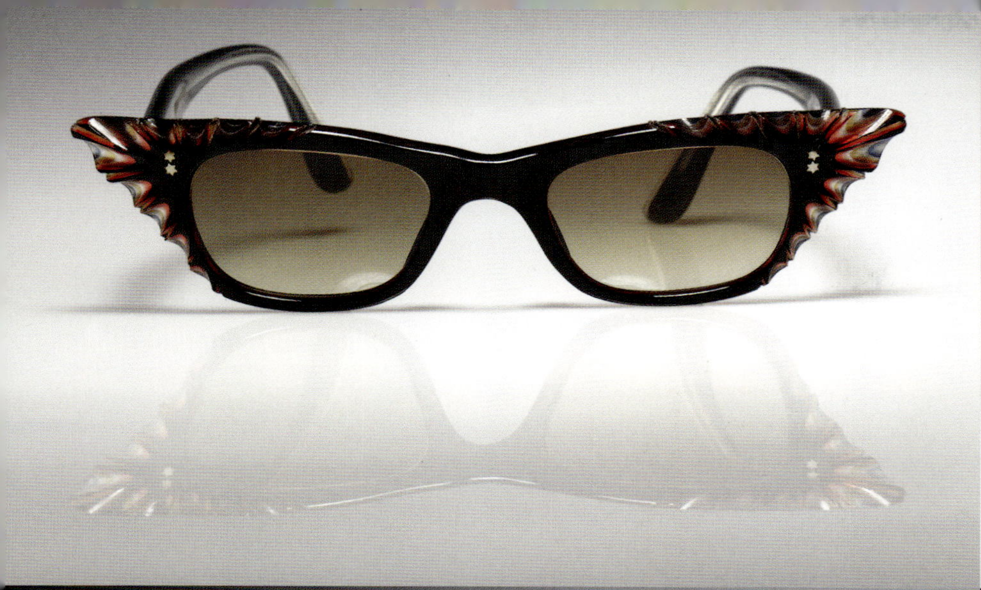
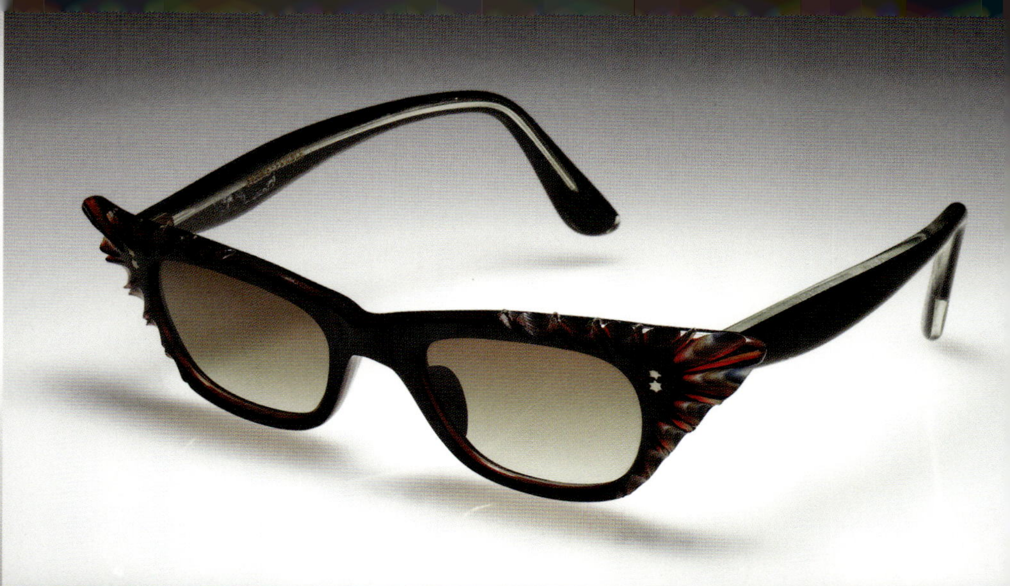
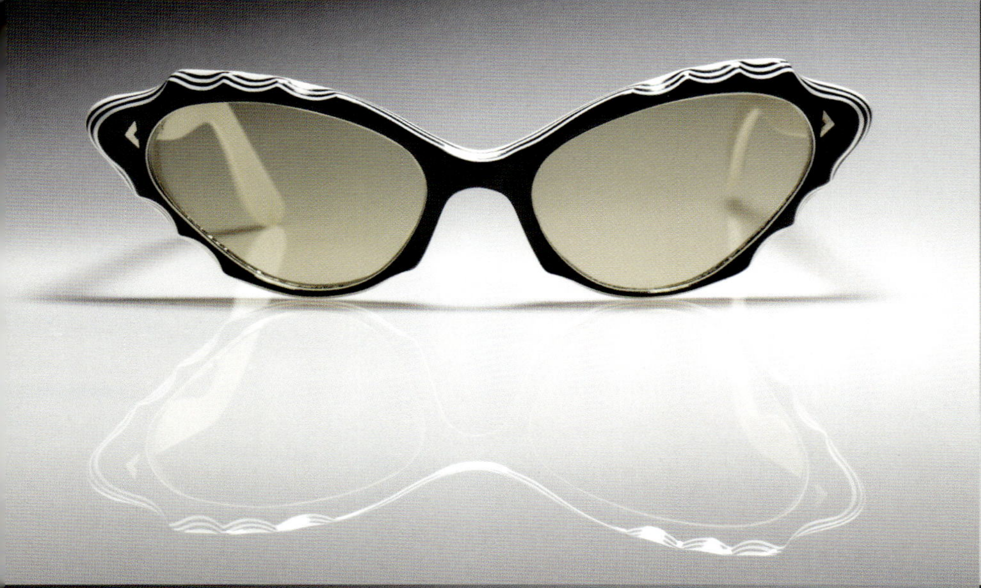
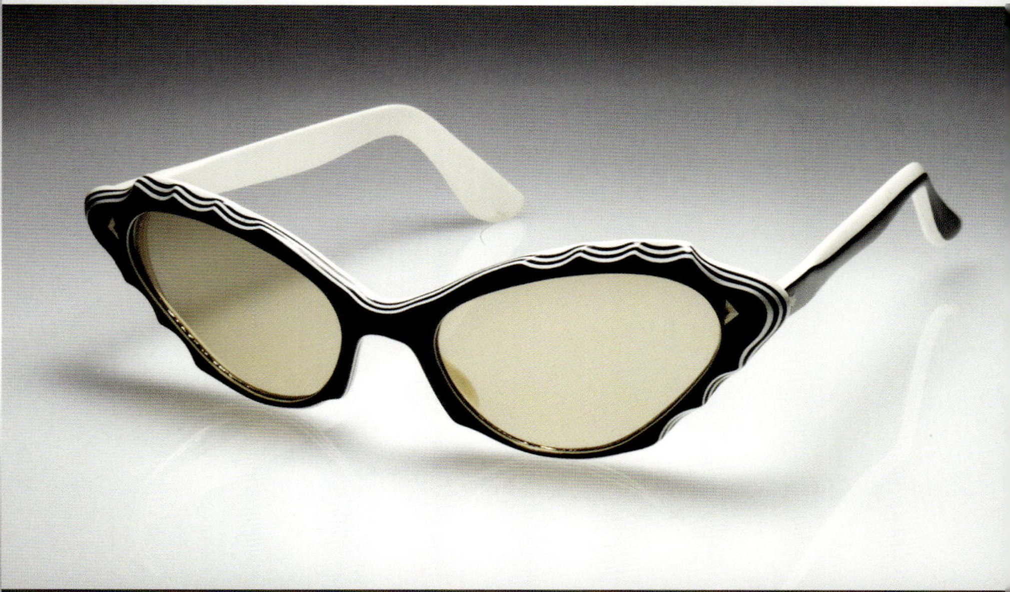
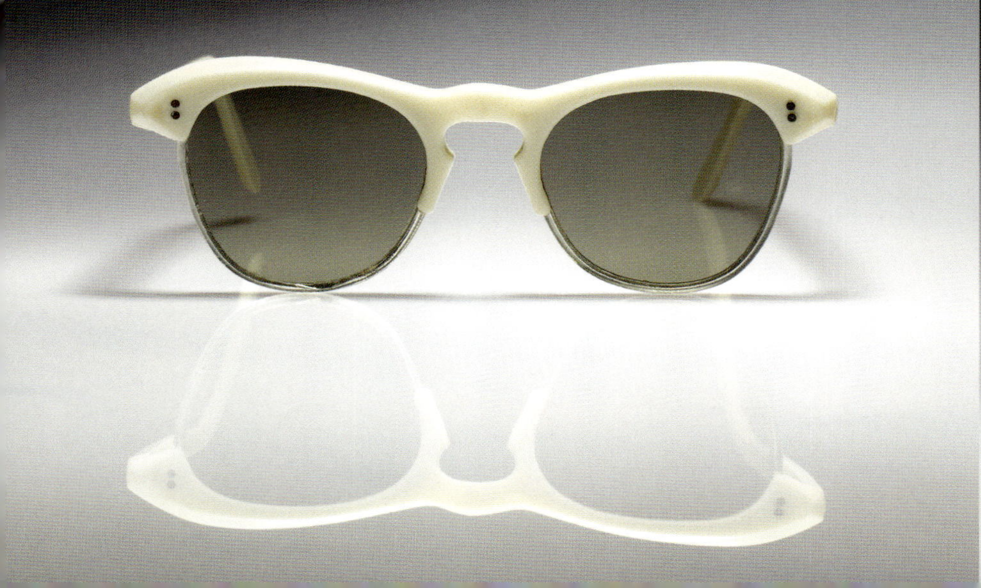
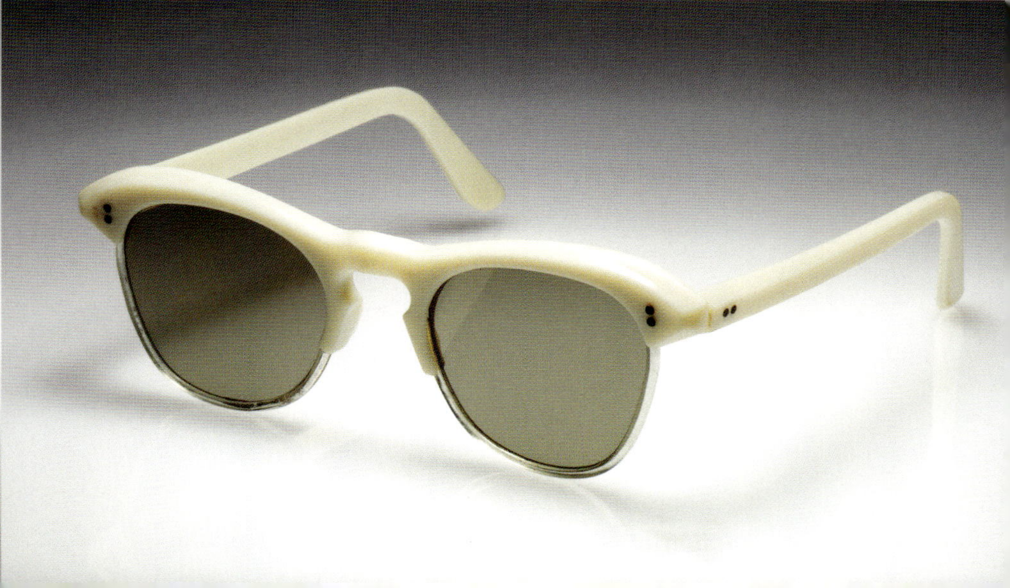

1950年代

上・前ページ：金の葉の装飾や角の彫刻を使用したこれらのメガネは、
女性らしいキャットアイの形を強調している。

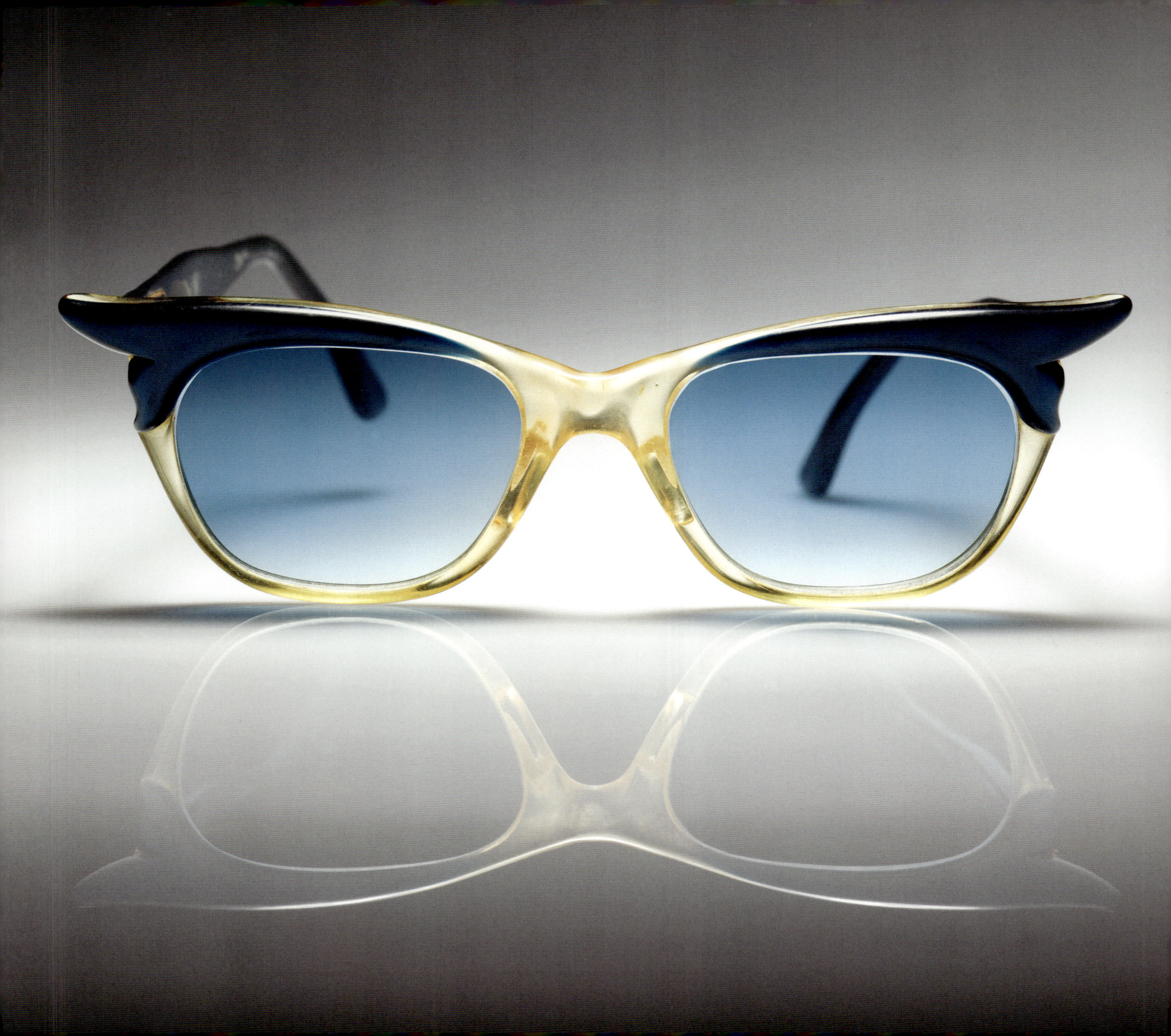

上・前ページ：蝶と鳥の翼にヒントを得た、凝ったデザイン。イギリス製。1950年代後半。

1950年代

上・次ページ：1960年代のファッションを凝った縁に反映させた装飾的なデザイン。

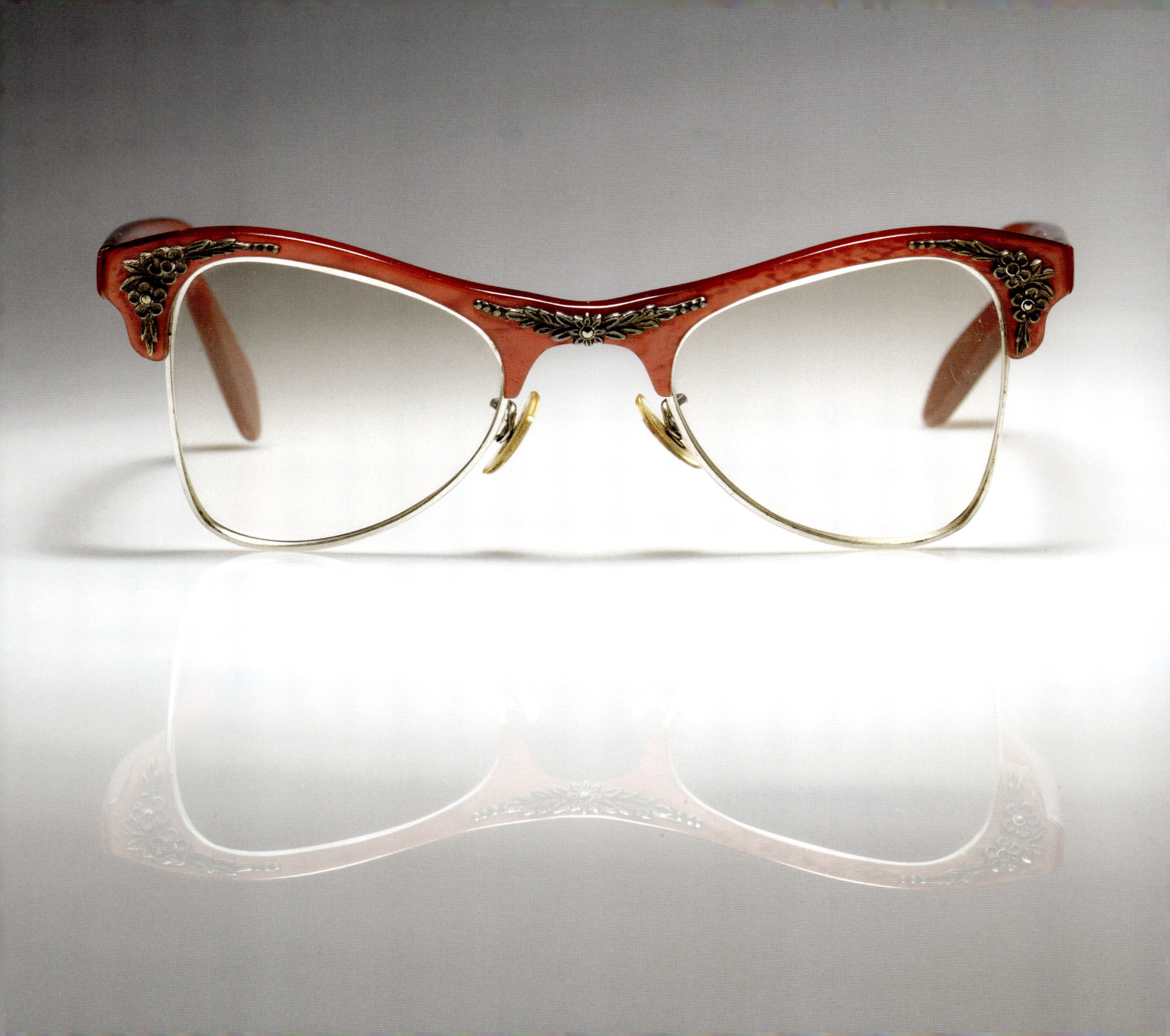

ここから107ページまで：
アメリカのフレームのセレクション。
同国における製造技術は
イギリスよりもはるかに進歩していた。
これらのメガネの例を見ればわかるように、
デザインのレベルにその差が表れている。
ざらざらした質感仕上げから、きらきら光る装飾、
ファッショナブルな模様まで、
さまざまな技術が使用されている。

1950年代

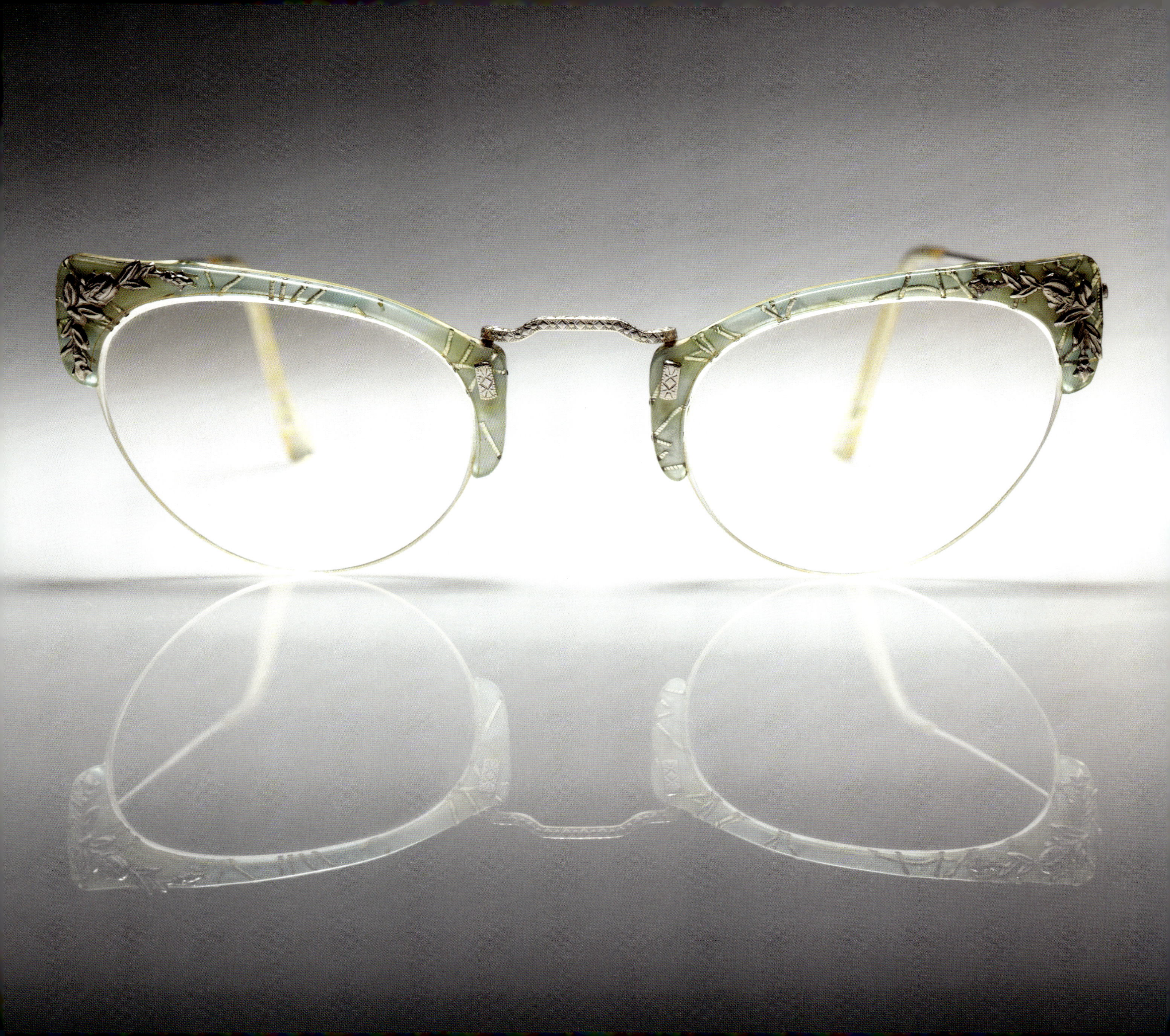

1950 年代

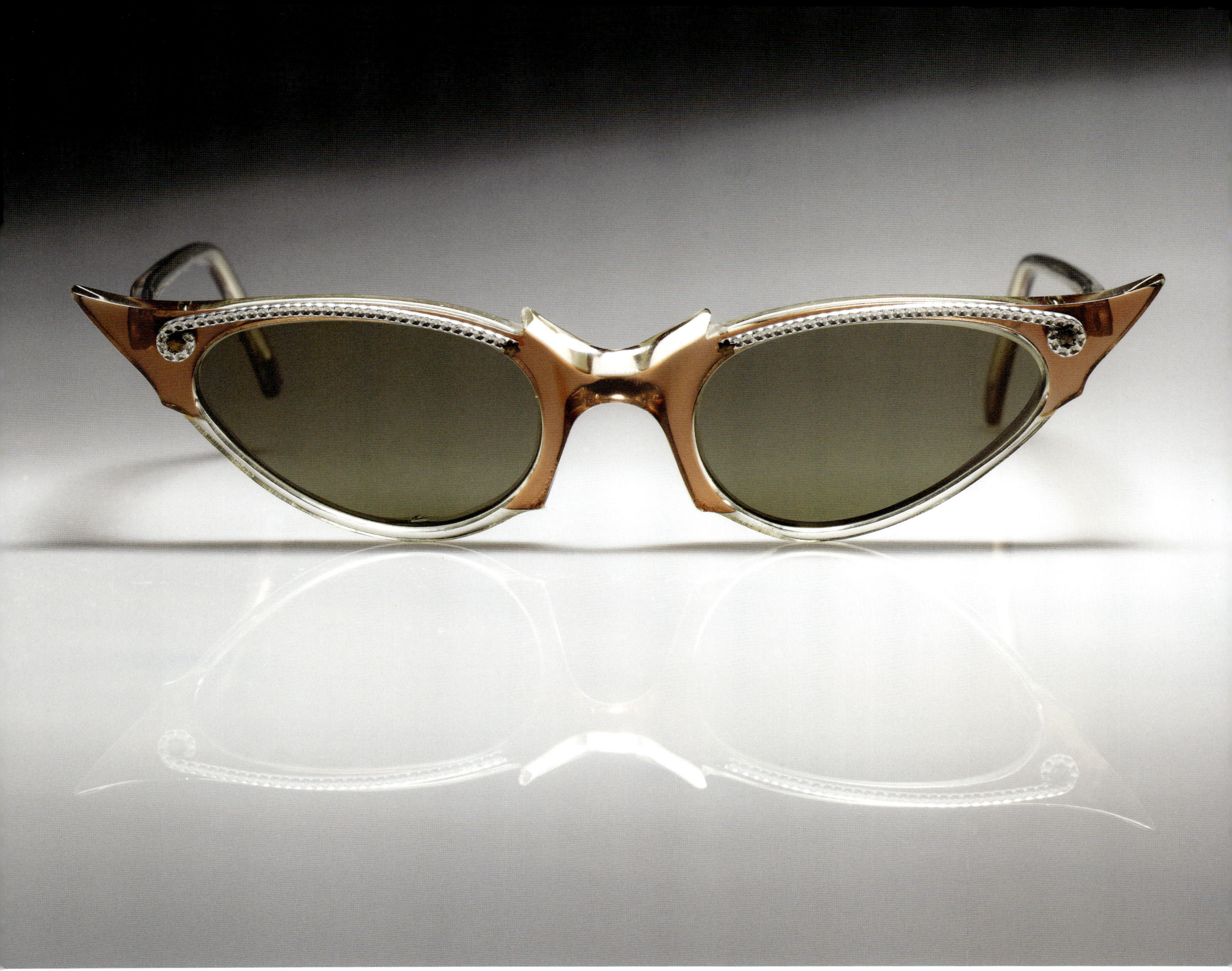

1950 年代

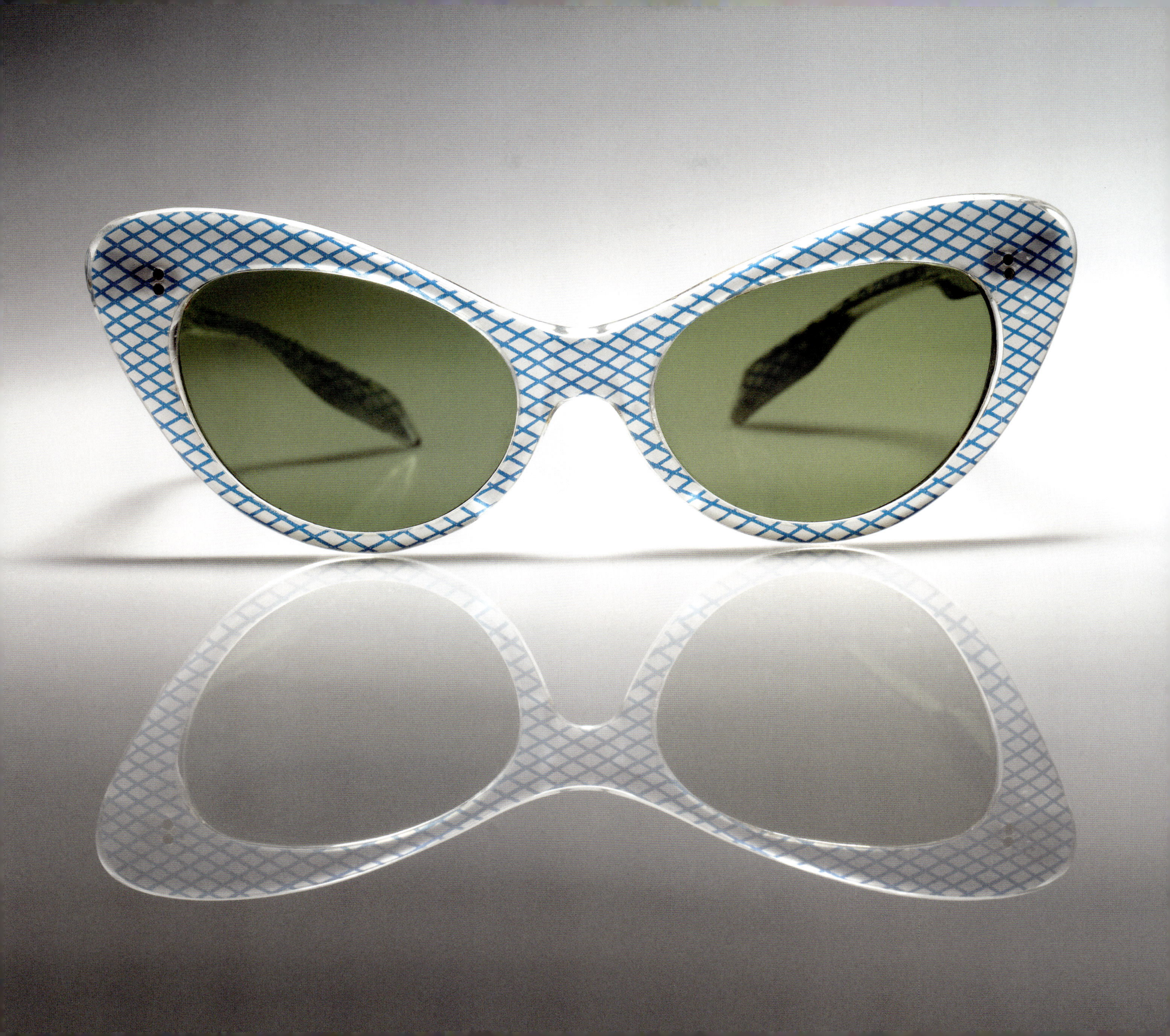

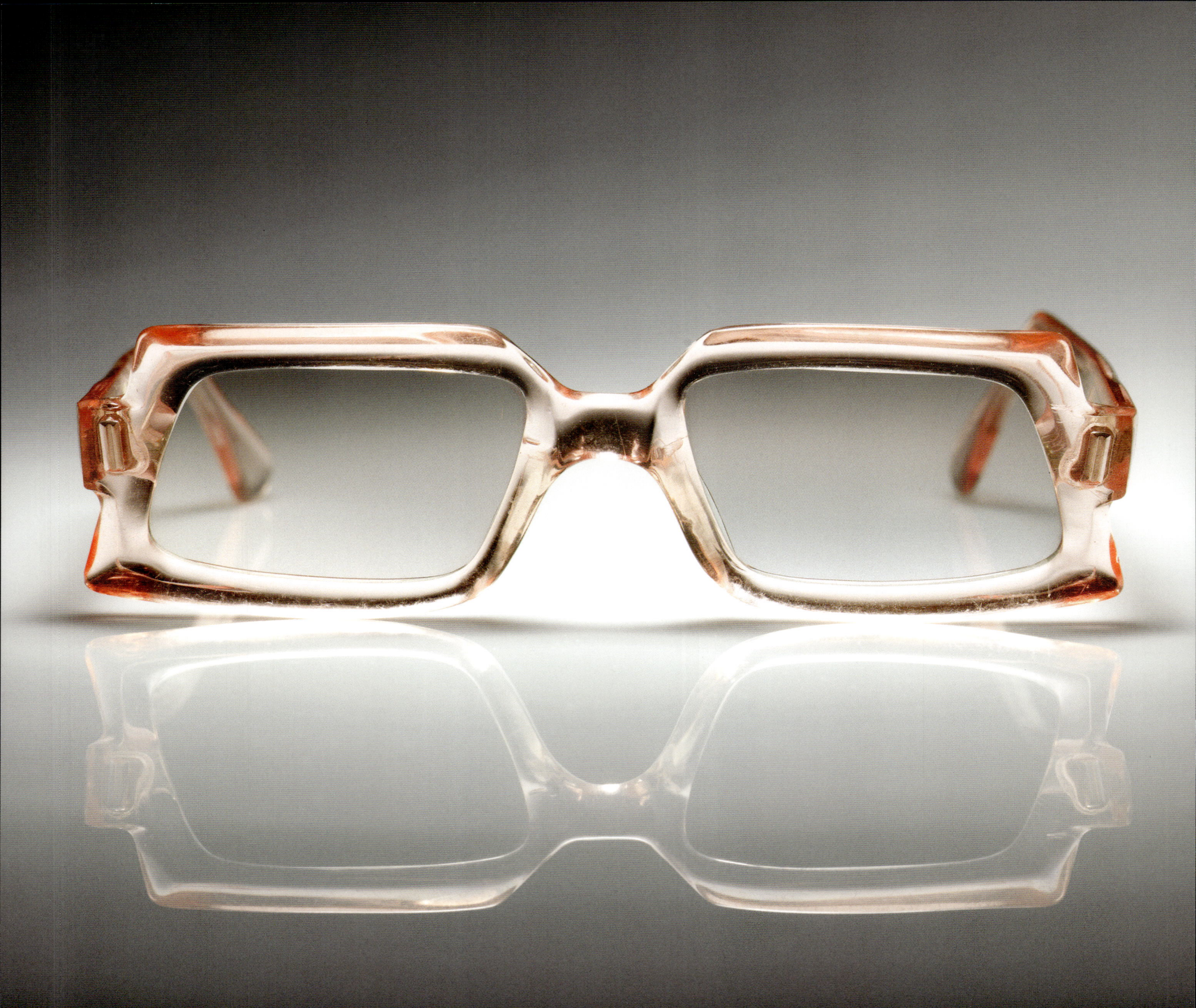

上・前ページ：半透明の肌色のメガネ。一方は輪郭のはっきりしたフレーム、
もう一方は交換可能なレンズがついている。黄色のレンズは車の運転用に人気が高かった。

1950 年代

上：透明の青いプラスチック製フレームに青銅色の
メタリック仕上げという珍しい組み合わせ。
次ページ：半透明のピンク色のプラスチック製サングラス。
成形フレームの初期の例。アルゼンチン製。

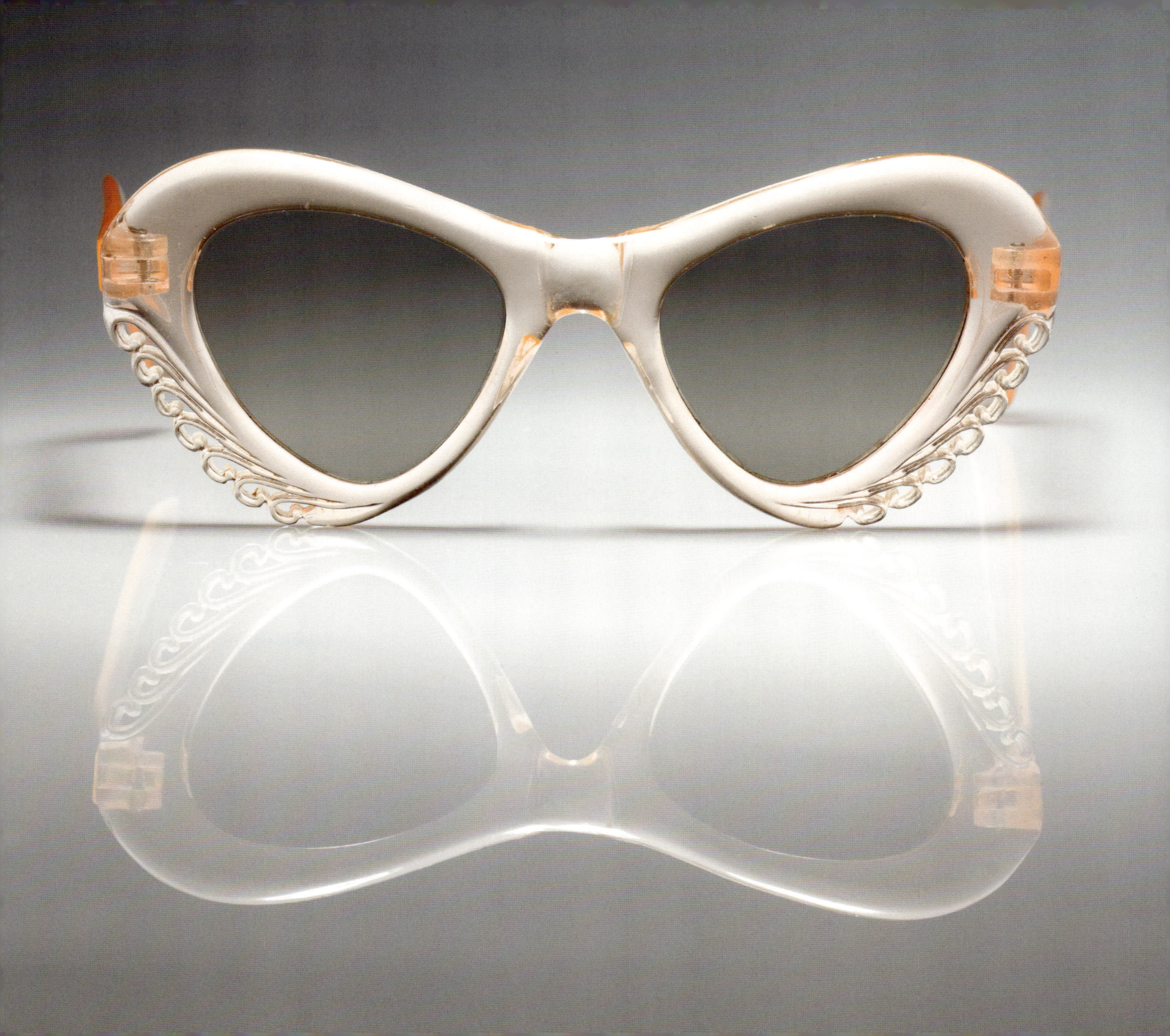

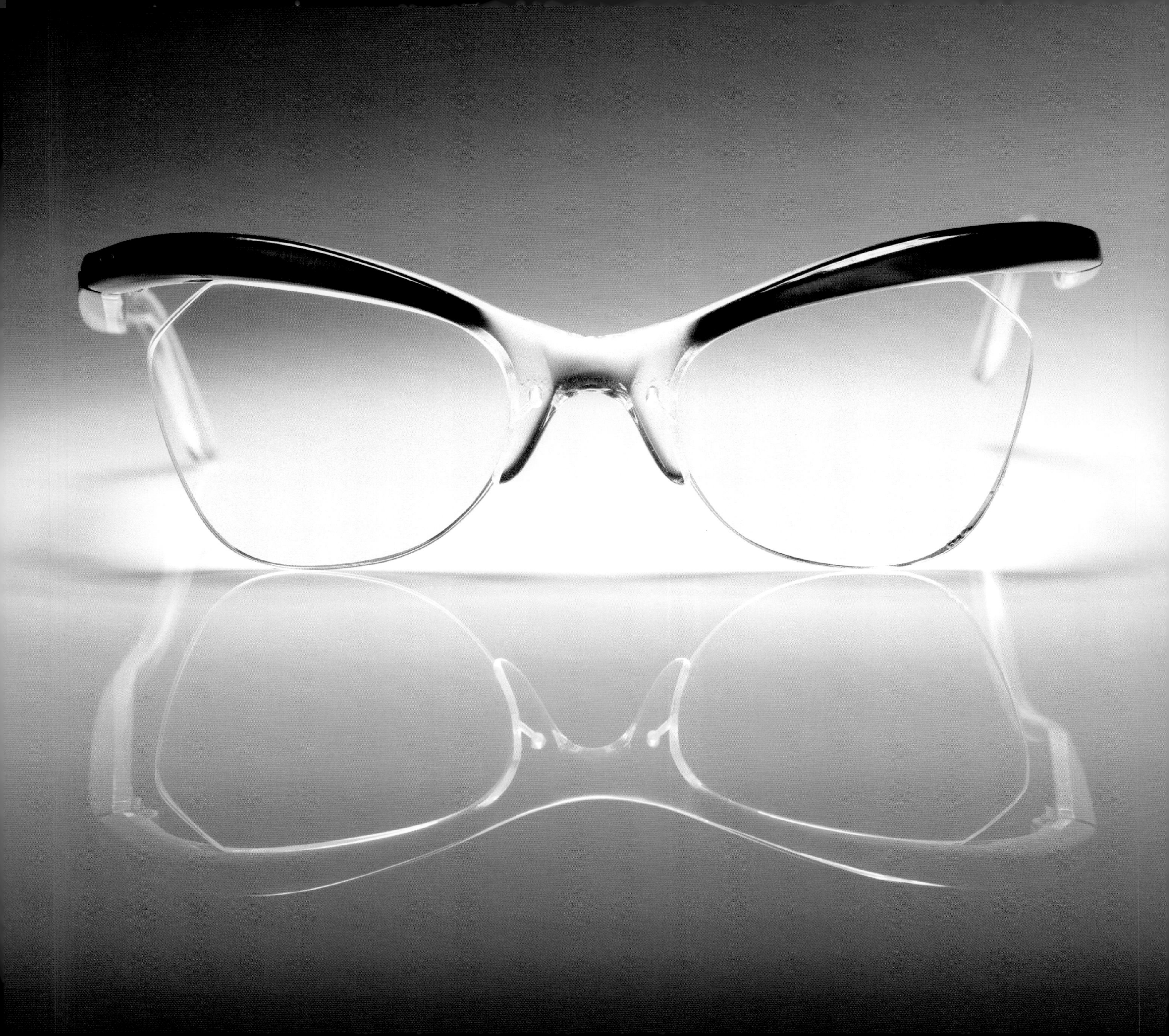

下・前ページ：メガネのブロウラインのスタイル例。
レンズを縁取っている重いブロウバーが特徴的。

アルミニウム製フレーム。イギリス製。

表面に垂直のカット模様を入れた珍しいデザイン。

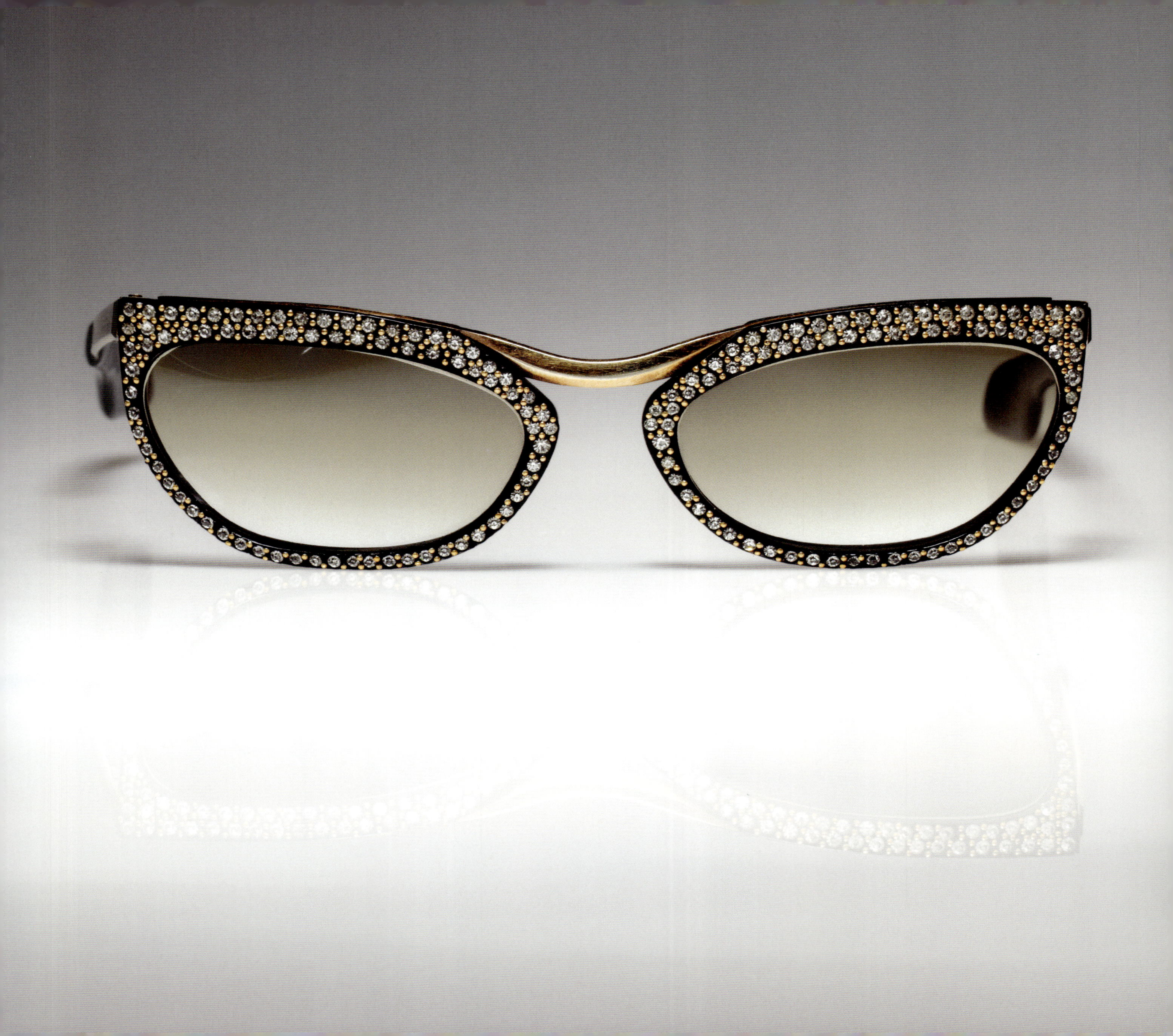

上：装飾的な輪状のデザインを取り入れたフランス製メガネ。
前ページ：インドのホワイトサファイアをはめ込んだ18金製フレーム。
無名のハリウッド女優のために手作りされたもの。

1950年代

1960年代

アイコンの時代

1960年代は、伝統を打破して、社会的、文化的、政治的に大きな変化を迎えた時代である。経済的繁栄と若者のパワーとマスメディアの力によって、ロンドンはポップミュージックやビジュアルアーツ、文学、ファッションなど、あらゆる分野のクリエーターたちのメッカとなった。文化革命が伝統的な階級の壁を崩したことで、イギリスの若者は西洋世界のスタイルリーダーへと開花していった。そして、男性ではモッズ族が流行させたスリムなスーツ、女性ではマリー・クワントのミニスカートに要約される丈の短い服というように、さまざまなトレンドを作った。60年代なかば以降、宇宙時代的な創作からサイケデリックなプリント柄まで、大胆でアバンギャルドなデザインが次々と生まれた。

しかし、メガネのデザインの点では、イギリスはまだアメリカやヨーロッパから後れを取っていた。1950年代にアメリカのファッションの最先端だった女性用キャットアイ型フレームは、イギリスでは1960年代初めになってようやく人気が出始めた。キャットアイ型フレームは、女性のどんなスタイルの装いにも似合ったため、アメリカの銀幕の美女、マリリン・モンローからイギリスの活動家、メアリー・ホワイトハウスまで、さまざまなセレブリティが着用した。50年代に流行した男性用のブローラインやコンビネーションフレームは（いずれもフレーム上部のみが太いのが特徴）、アメリカでもヨーロッパでも引き続き人気があったが、ライブラリーフレームと呼ばれる、どっしりしたプラスチック製メガネに明らかに移行していた。

時代が進むにつれて、デザイナーはオードリー・ヘップバーンやグレース・ケリー、ジャッキー・オナシス、スティーブ・マックイーン、ショーン・コネリーなどのファッションアイコンからインスピレーションを得て、フレームはますます洗練されたものになっていった。映画『ティファニーで朝食を』（1961年）でヘップバーンがかけていたサングラスは、たいへんに印象的だったため、あれはどこのブランドのものかと映画ファンのあいだで論争が巻き起こった。現在はレイバンも傘下に置いているルックスオティカ社によって、ボシュロム社のデザインによる初期のウェイファーラーだと認められたそのサングラスは、ヘップバーンの洗練されたワードローブにエレガントな趣を加えていた。衣装は、ヘップバーンがそのデザインを気に入っていたというユベール・ド・ジバンシィや、イーディス・ヘッドによるものだった。ヘップバーンの妖精のような顔にかけた大きい男性的なサングラスと、細身の黒いドレスにたくさんの真珠という組み合わせは、印象的なイメージを創り出し、いまだによくまねをされている。ショーン・コネリーも、映画『ロシアより愛をこめて』（1963年）や『サンダーボール作戦』（1965年）にウェイファーラー型のサングラスで登場したが、おもしろいことに、ジェームズ・ボンドが再びサングラスをかけて現れたのは、数十年後（『ワールド・イズ・ノット・イナフ』1999年）のことである。

1960年代のファッションを定義づけるのに一役買っている、そうしたおしゃれなイメージの映画は、新たなスターたちを生み出し、彼らにとってはイメージというものが貴重な売りとなった。映画の形成期にはセレブリティによる宣伝やプロダクトプレイスメントを取り入れるのは控えめだったが、それにも

上：1960年の、アメリカ、ボシュロム社によるレイバンの広告。
次ページ：ニコル・アルファンドと一緒にいるジャッキー・オナシス（手前）。パリ、1968年。
118ページ：サングラス。フランス製。

1960年代

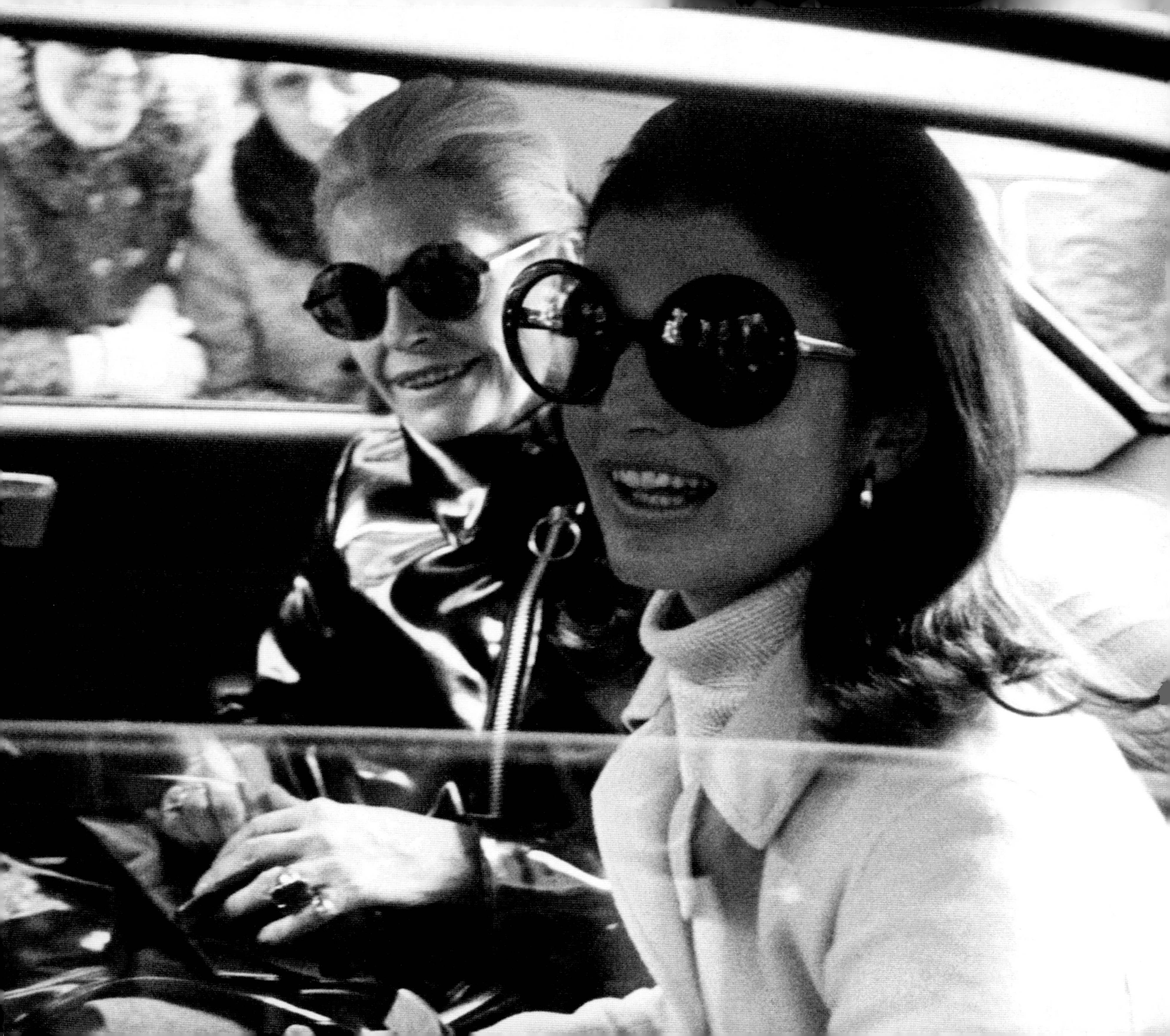

はずみがついた。フォスター・グラント社は1965年、「このフォスター・グラントをかけているのは誰でしょう？」のスローガンにセレブリティによる宣伝文句を掛け合わせた、独創的な広告キャンペーンを始めた。その広告にはジュリー・クリスティやアンソニー・クイン、ピーター・セラーズ、ミア・ファロー、ラクエル・ウェルチといったスターたちが登場した。フォスター・グラント社は、広告コピーの中で"スターのサングラス"とまで謳って、ブランドとセレブリティのあいだに強い結びつきを築くことによって、サングラスという手ごろなアクセサリーを、みんなが欲しがるようなマストアイテムに変えた。活字媒体とテレビのキャンペーンは、大当たりして長期間にわたって続き、1990年代後半にシンディ・クロフォードをスポークスマンにして復活した。

　ペルソールもまた、初めはプロダクトプレイスメントを通して、スターの魅力から恩恵を受けたブランドである。カリスマ性のあるイタリアの俳優、マルチェロ・マストロヤンニは、映画『甘い生活』（1960年）や『イタリア式離婚狂想曲』（1961年）の中でペルソールをかけて、ブランドの知名度を上げた。後者の映画では、ペルソール649をかけて登場している。ペルソール649はもともと、1950年代後半にトリノのバスの運転手を環境ダストから守るためにデザインされ、商業的に成功を収めたモデルだ。ペルソールが本格的にアメリカ市場に食い込んだのは1962年だが、同社は何年も前からNASAのパイロットに保護用のアイウェアを提供していた（アメリカン・オプティカル社がアポロ11号のパイロットのために月旅行用のサングラスを初めて作ったのは1969年のことである）。ペルソールには映画の中でもプライベートでもペルソールの忠実なファンというスティーブ・マックイーンとグレタ・ガルボがいたため、同社はセレブリティを使ってそのデザインを宣伝広告する必要がほとんどなかった。714モデルは、映画『華麗なる賭け』（1968年）のマックイーンのために、青いレンズと折りたためるブリッジでカスタマイズされたものであり、比類なき名品である。マックイーンが所有していたそのサングラスは、2006年にオークション会社のボナムズ&バターフィールズによって70,200ドルで売却された。

　のちにペルソールブランドを傘下に収めるルックスオティカ社も、イタリアで1961年に設立された。創業者のレオナルド・デル・ベッキオは当初、フレームを手作業で染めるメガネ部品の製造業者として会社を興したが、まもなく事業を拡大し、ルックスオティカというレーベルのもとに、自身のアイウェアブランドを立ち上げた。アイウェアがしだいにおしゃれになるにつれて、デル・ベッキオは自分の製造技術を高く評価してくれるデザイナーとの関係を築いていった。ルックスオティカ社と最初にライセンス契約を結んだデザイングループはアルマーニで、そのあとにヴァレンティノやビブロス、イヴ・サンローランなどの一流ブランドが名を連ねた。ペルソールは1995年に買収され、今では著名なファッションブランドのメガネの多くがルックスオティカ社とライセンス契約を結んでいる。

　1960年代なかばには、ポップカルチャーの急激な発展に伴って、

ブティックでの買い物や若者のファッションは、ますます試行的なスタイルになっていった。メガネ、とりわけサングラスは、非対称や宇宙時代的なデザイン、対照的な白黒の幾何学模様、ポップアートやブリジット・ライリーのようなオプアートのアーティストによる視覚上の錯覚現象を取り入れるなど、これというトレンドをすべて反映した。色と形を大胆に使うことにより、メガネは真にファッションを主張するものに変わった。レンズは、黄色から藤色、青緑色まで、あらゆる色合いで作られた。光沢のあるプラスチック製フレームは、エミリオ・プッチのデザインに見られるようなサイケデリック柄や、対照的な幾何学的柄と相まって、鮮やかな原色やパステルカラーをみごとなまでに引き立たせた。

こうした最先端のデザインの中には、『ヴォーグ』誌に登場した最初のメガネデザイナーであるオリバー・ゴールドスミスもあった（オリバー家は、1926年にフィリップ・オリバー・ゴールドスミスが創業したオリバー・ゴールドスミス社で働くゴールドスミス一族の中で最後の家系）。フィリップ・オリバー・ゴールドスミスは、黒いレンズに、フレームは大きい白の楕円形や、超現代的な六角形や三角形、射出成型によるラップアラウンド、シックなアニマル柄、といった大胆で派手なデザインの、奇抜な形のメガネを作ることで知られていた。彼はセレブリティたちによる宣伝の効果を認めていたので、デザインを宣伝するのに著名人を数多く使った。中でも最も有名なのは、ピーター・セラーズ、マイケル・ケイン、オードリー・ヘップバーン、ルル・ギネス、ブリット・エクランドなどである。ゴールドスミスのフレームは、マーガレット王女やその夫であるスノードン伯爵、モナコ王妃グレース・ケリーなどのおしゃれな貴族のあいだでも人気があった。

ファッションは手ごろな価格になり、トレンドは使い捨ての紙製の衣類や下着のブームがピークを迎えていたが、メガネのデザイナーは、美的感覚だけでなく機能性にも注目した。フレームは頑丈になり、ゴールドスミスやペルソール、ネオスタイル、レイバン、アングロ・アメリカンなどの名だたるブランドによって手作りされた。レンズは、頑丈で重い鉱石のガラスから作られた。木目入りフレーム、とくに男性用のものは、チーク調や紫檀調、チャコール調などさまざまな仕上げが可能だったが、一時的な流行に終わった。女性は、バッグに合わせて本物のトカゲやヘビ革で覆われたフレームを買うことができた。ヘビ革調やトカゲ調の型押しをした、より安いプラスチック製フレームも手に入れられた。

1960年代も終わりに差しかかるころには、超現代的なテーマは、懐古趣味やロマン主義、異国趣味、開花した別のファッションシーンに取って代わられた。イギリスのアルガ社が作ったレトロな趣のあるメタルフレームのメガネのように、過去の流れを汲んだフレームスタイルは、人気の復活を遂げ、レースやフリルなどを使ったヴィクトリアン風ファッションを引き立てた。一般にティーシェードやグラニーグラスとして知られている小さい丸型フレームは、ジョン・レノンやミック・ジャガー、オジー・オズボーンといった音楽界の伝説的人物によって世に広められた。レンズは、鏡がついていたり、鮮やかな色合いだったり、サイズもさまざまだった。フレームも、六角形や四角形があり、17世紀や18世紀を偲ばせた。

上・前ページ：1960年代にアイウェアがファッションアクセサリーのマストアイテムとしての地位を確立するのに一役買った広告。

上・次ページ：メタルフレームに細部装飾を施したイタリア製サングラス。

1960 年代

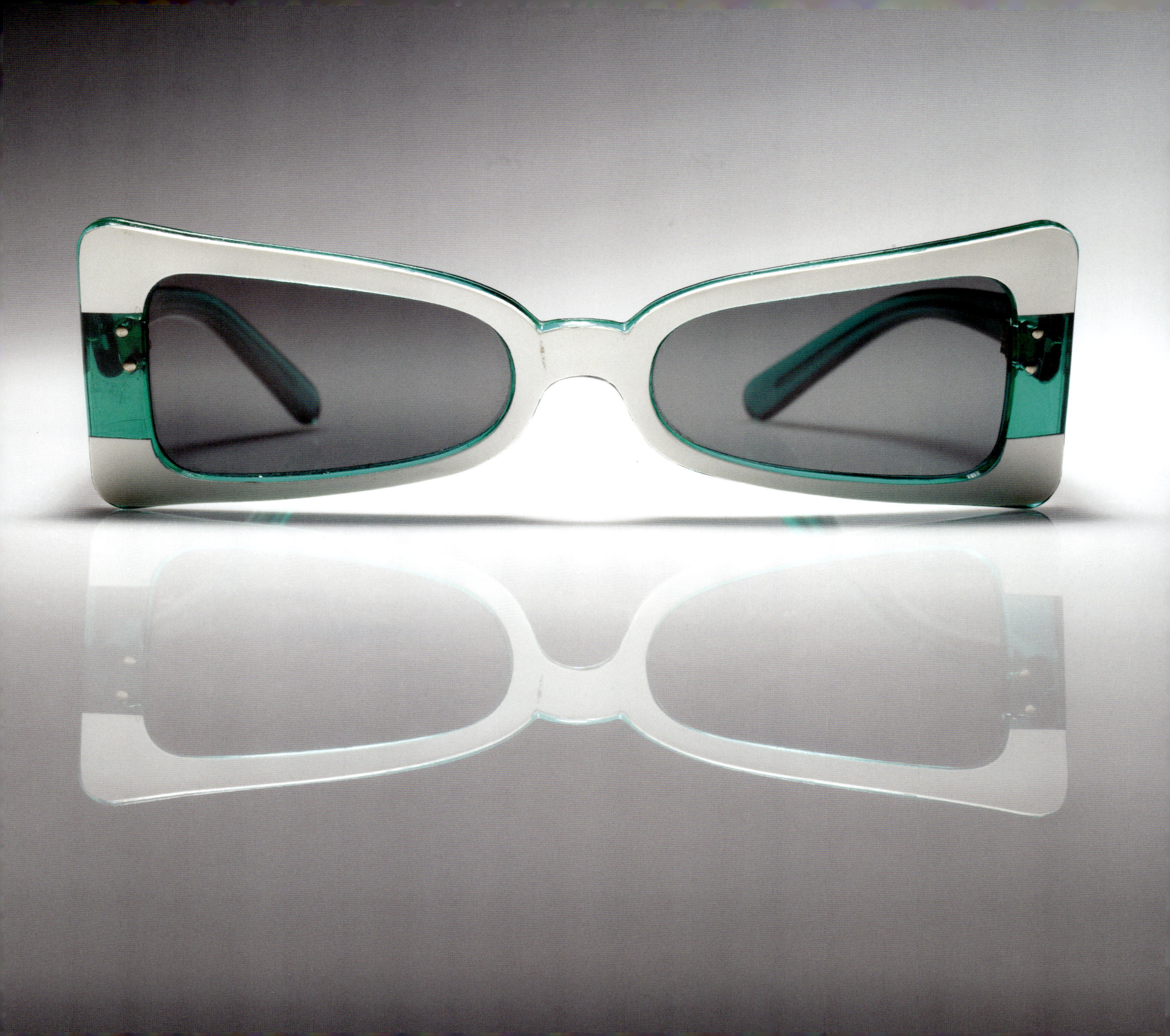

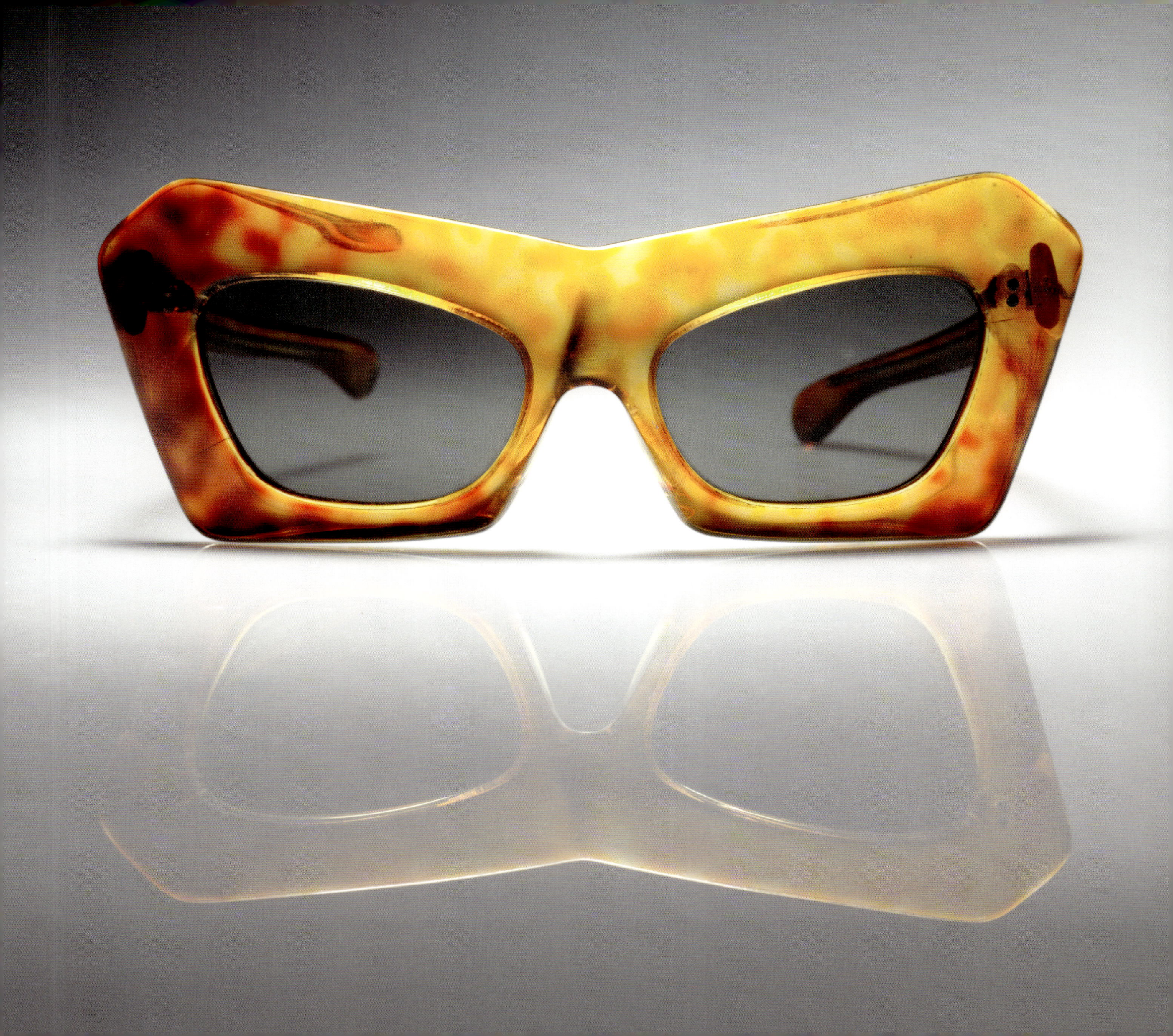

上：ドイツ、ヘルメッケ社によるストライプのデザイン。
前ページ：鼈甲風のプラスチック製フレーム。イタリア製。

1960 年代

上・前ページ：精巧なつくりのプラスチック製フレーム。
それぞれ、飴色と鼈甲風。

下：イタリア、オプトリス社製の、光沢のあるアルミニウム製コンビネーションフレーム。
131ページ〜133ページ：大きなフレームとメタリック仕上げという人気トレンドを反映したサングラス。

貴店名

部数
書

9784882828792

ISBN978-4-88282-879-2

C0077 ¥3800E

ガネ図鑑

イモン・マレー／
ッキー・アルブレッチェン 著
口智子 訳

定価
3,990円(5%税込)
(本体3,800円)

年	月	日

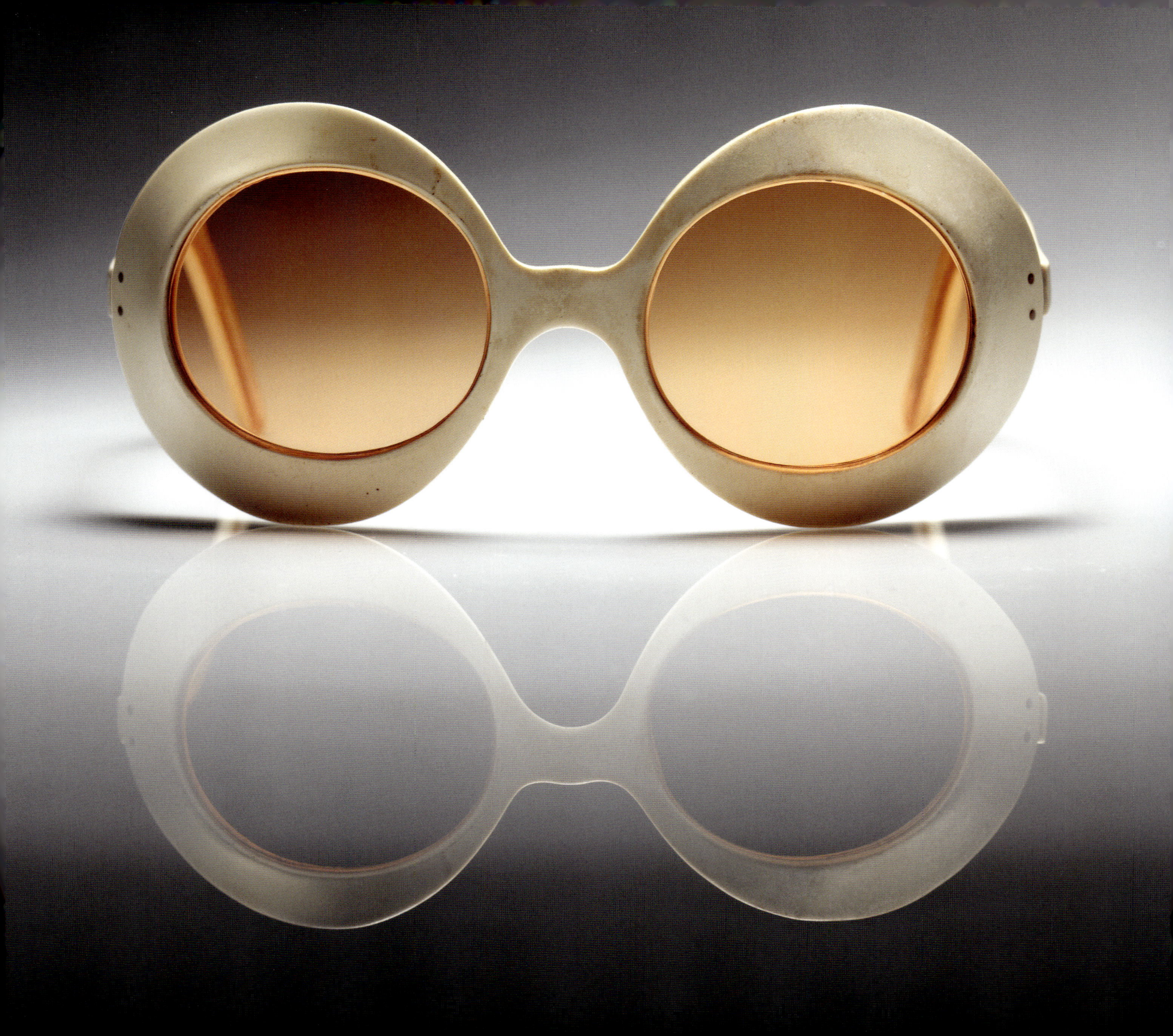

1960 年代

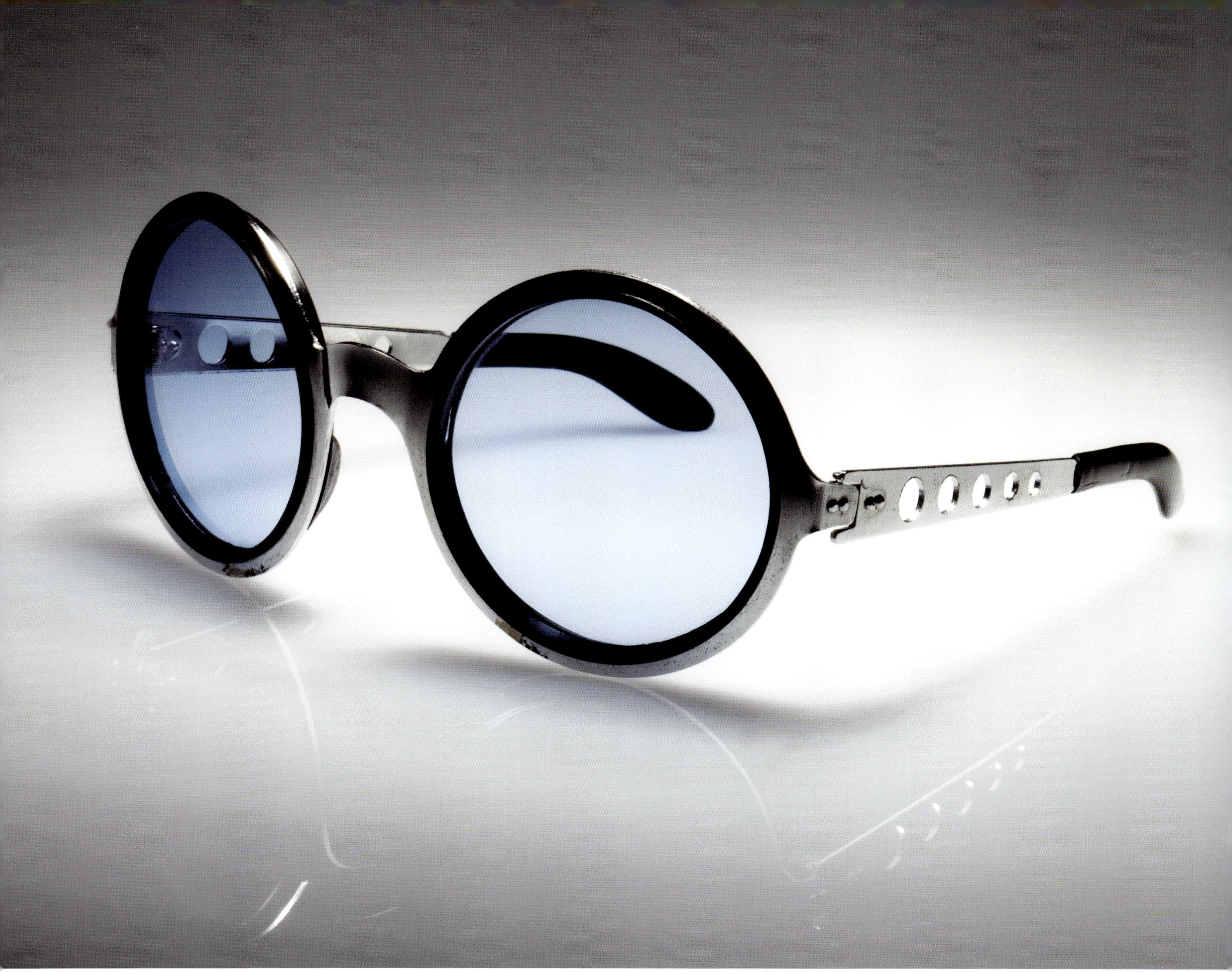

1960 年代

上：まっすぐなツルつきで、上下どちら向きにも着用できる緑色のプラスチック製フレーム。
ドイツのツァイス社のためにジャン・パトゥがデザインしたもの。
前ページ：イギリス、オリバー・ゴールドスミス社製の、緑色の女性用フレーム。

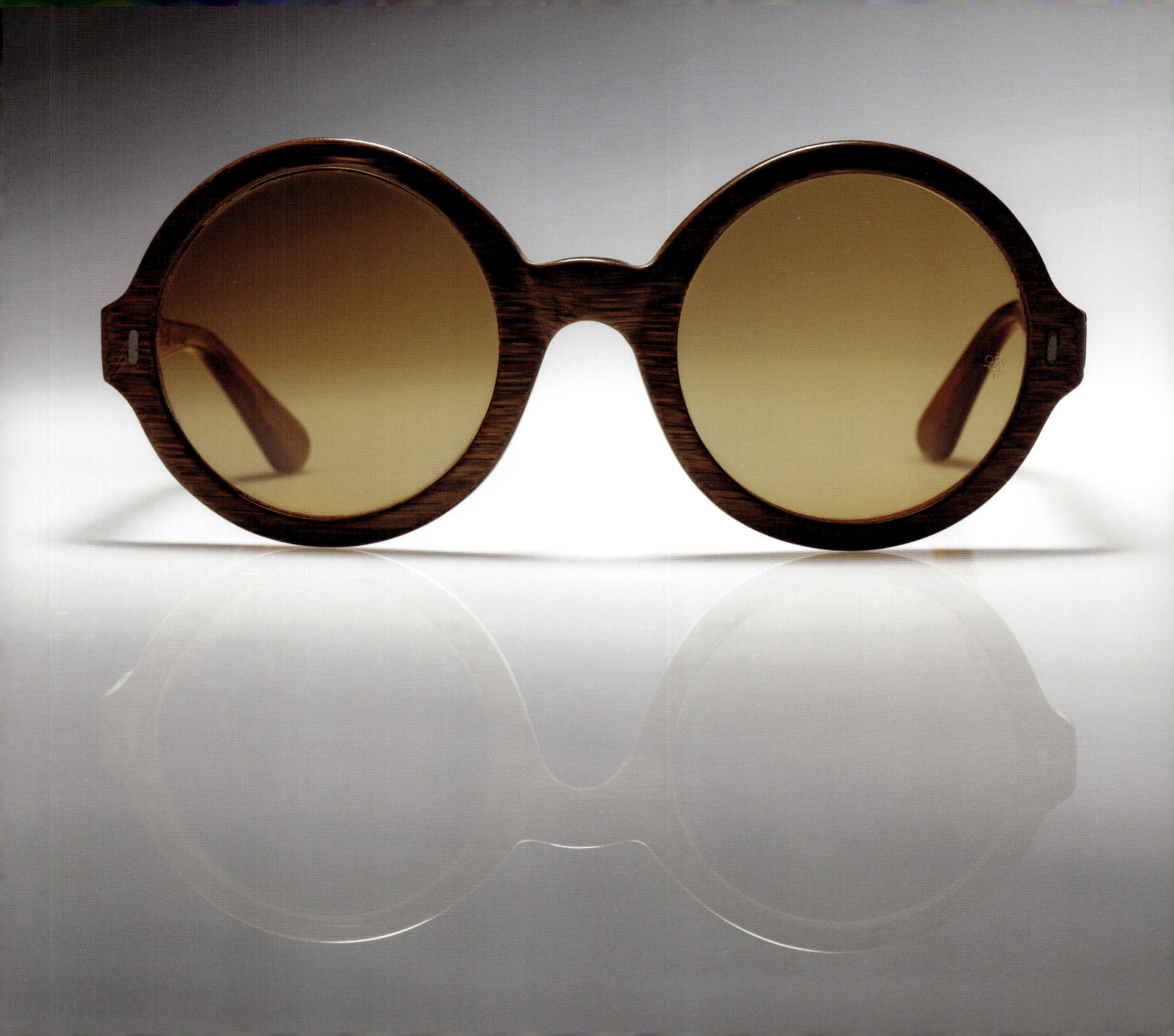

上：マリー・クワントによるデザイン。デイジーをモチーフにした彼女のトレードマークが入っている。
前ページ：ペルソールのレアな木製フレーム。イタリア製。
138ページ〜 139ページ：バグアイ型のメタルフレーム。その愛称は、虫の突き出た目に似ているところからついた。

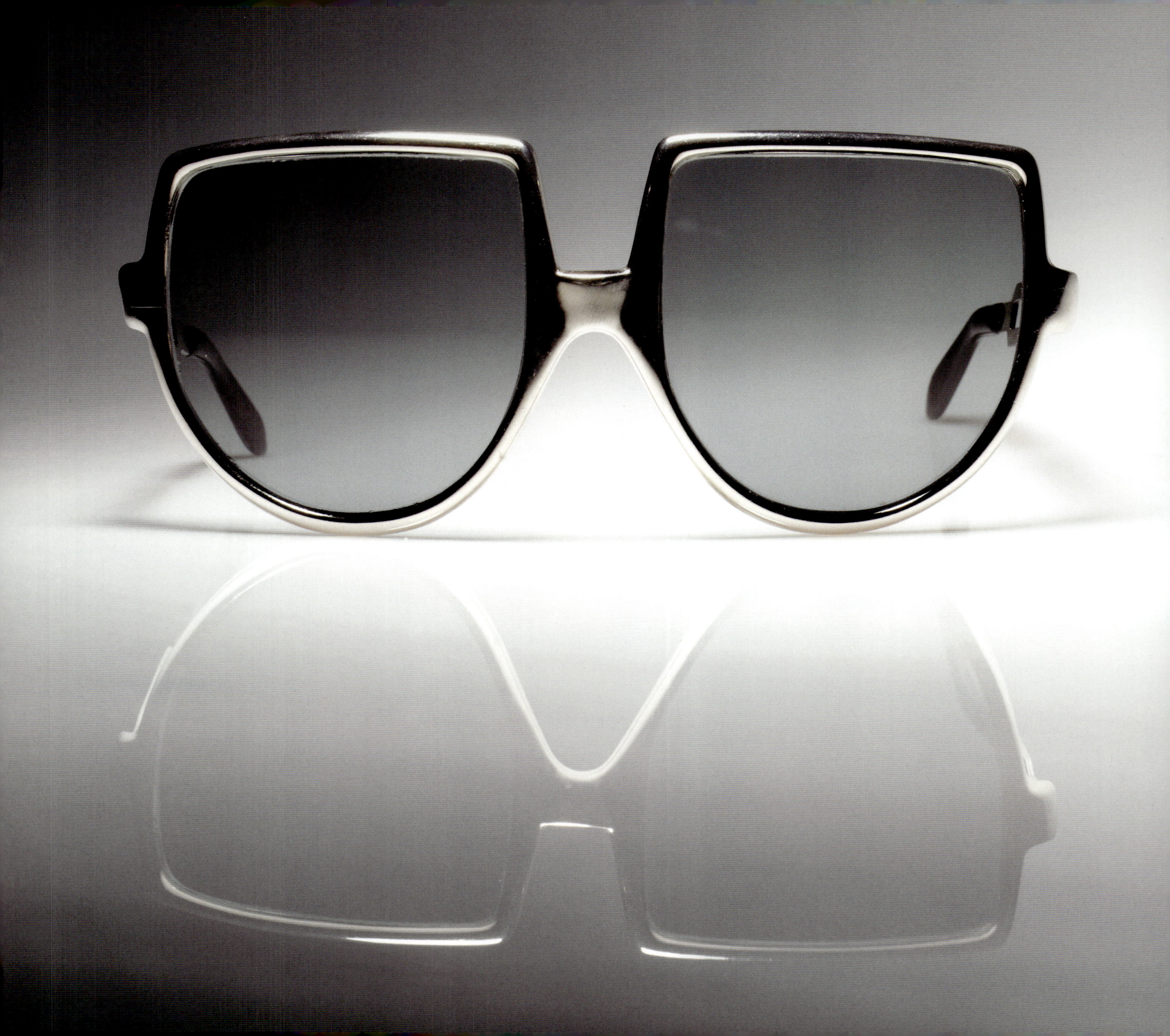

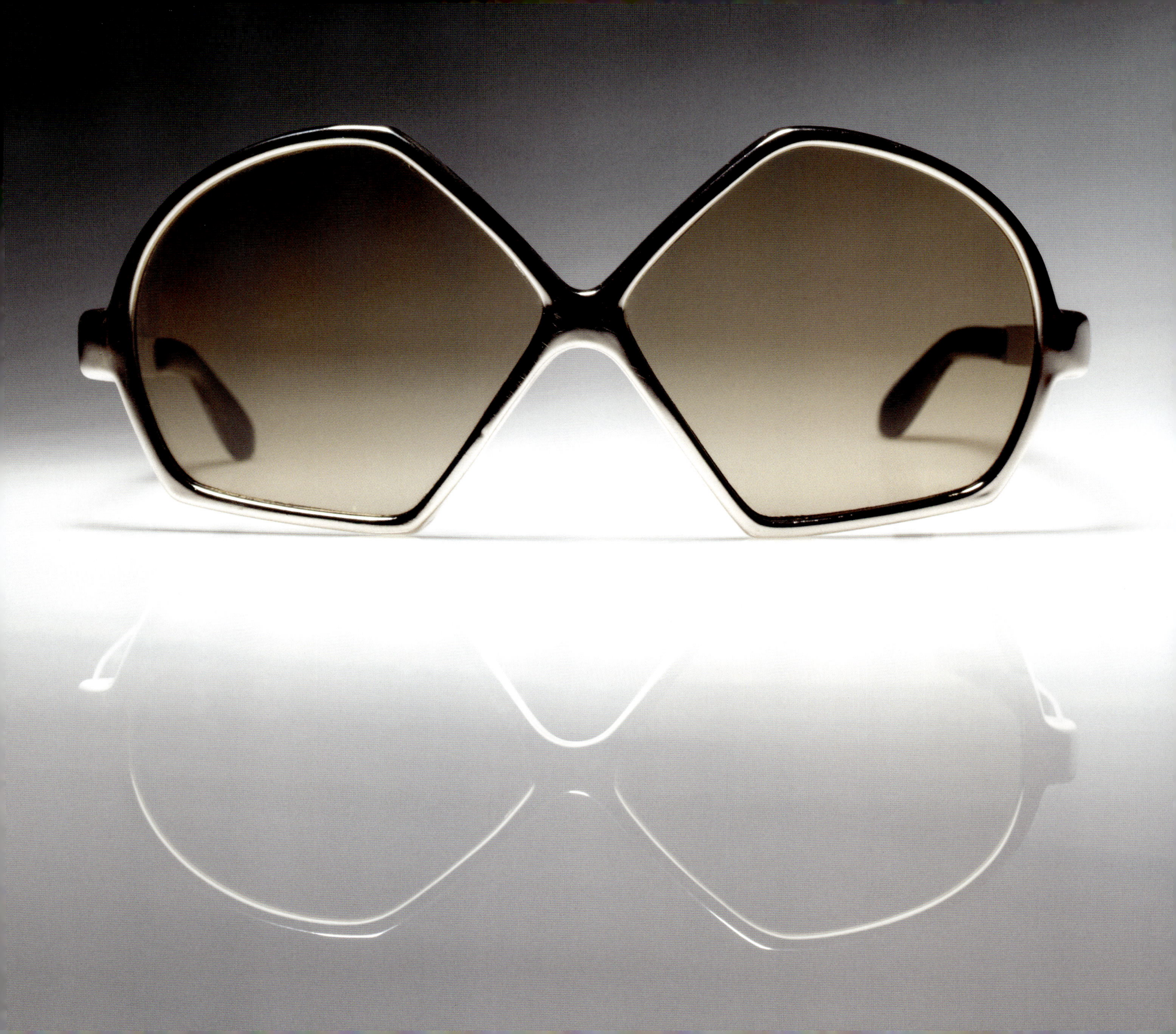

1960 年代

上：鼈甲製"ジャッキー・オー"スタイルのフレーム。フランス製。
前ページ：切り出し仕上げのフレームで、ツートーンに染め分けたように見せたサングラス。フランス製。

上：朝日をモチーフにした層状のプラスチック製フレーム。日本製。
次ページ：イギリス、オリバー・ゴールドスミス社製のベージュと黒のフレーム。

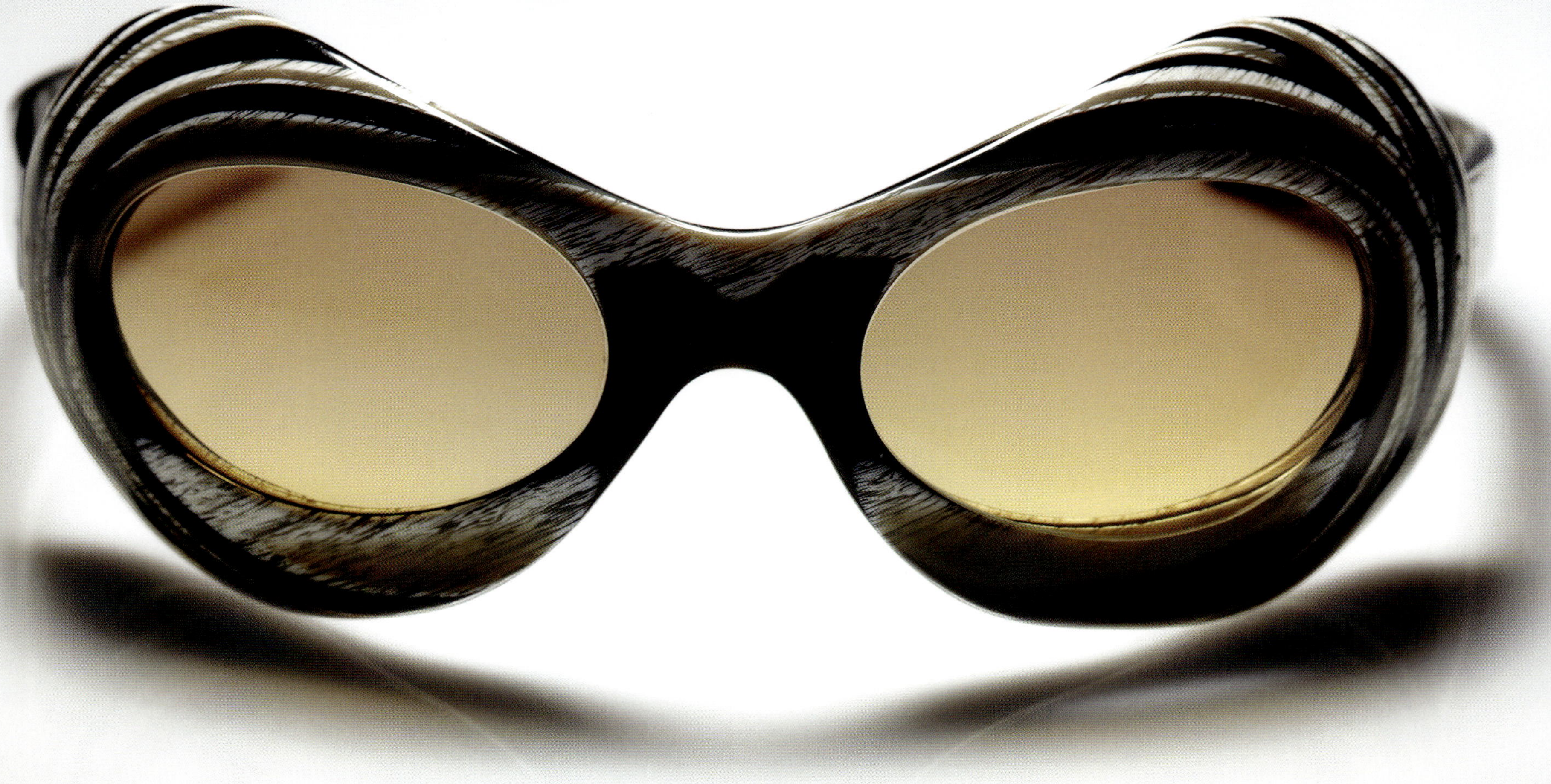

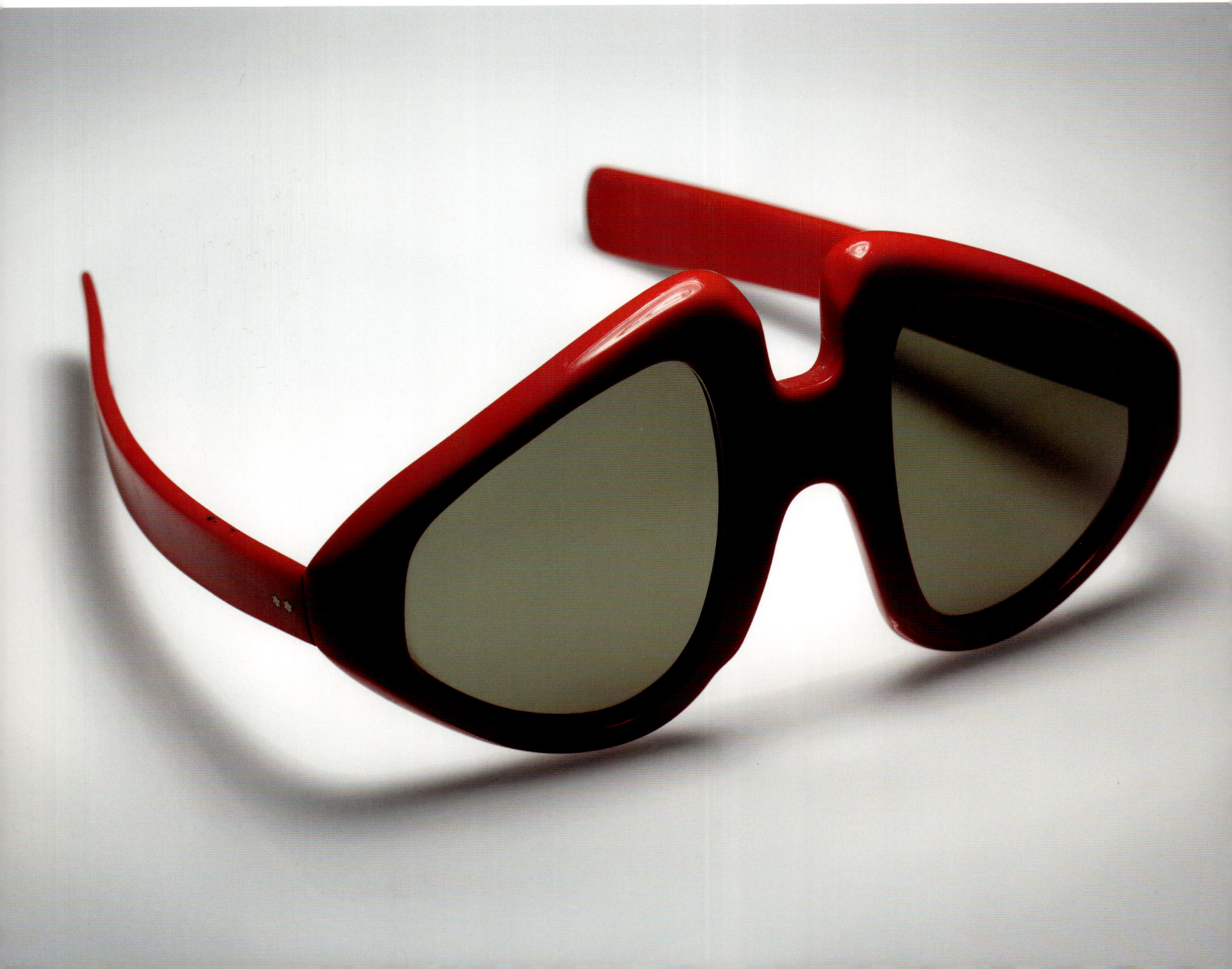

上：変則的な形が流行した1960年代の幅広いファッションを反映した非対称のデザイン。
前ページ：イギリス、オリバー・ゴールドスミス社製の赤のアセテート製フレーム。

1960 年代

上：サイドパネルにレンズが入った、模造鼈甲製の運転用メガネ。フランス製。
前ページ：ライブラリーフレーム。バディ・ホリーやマイケル・ケインが世に広めた。

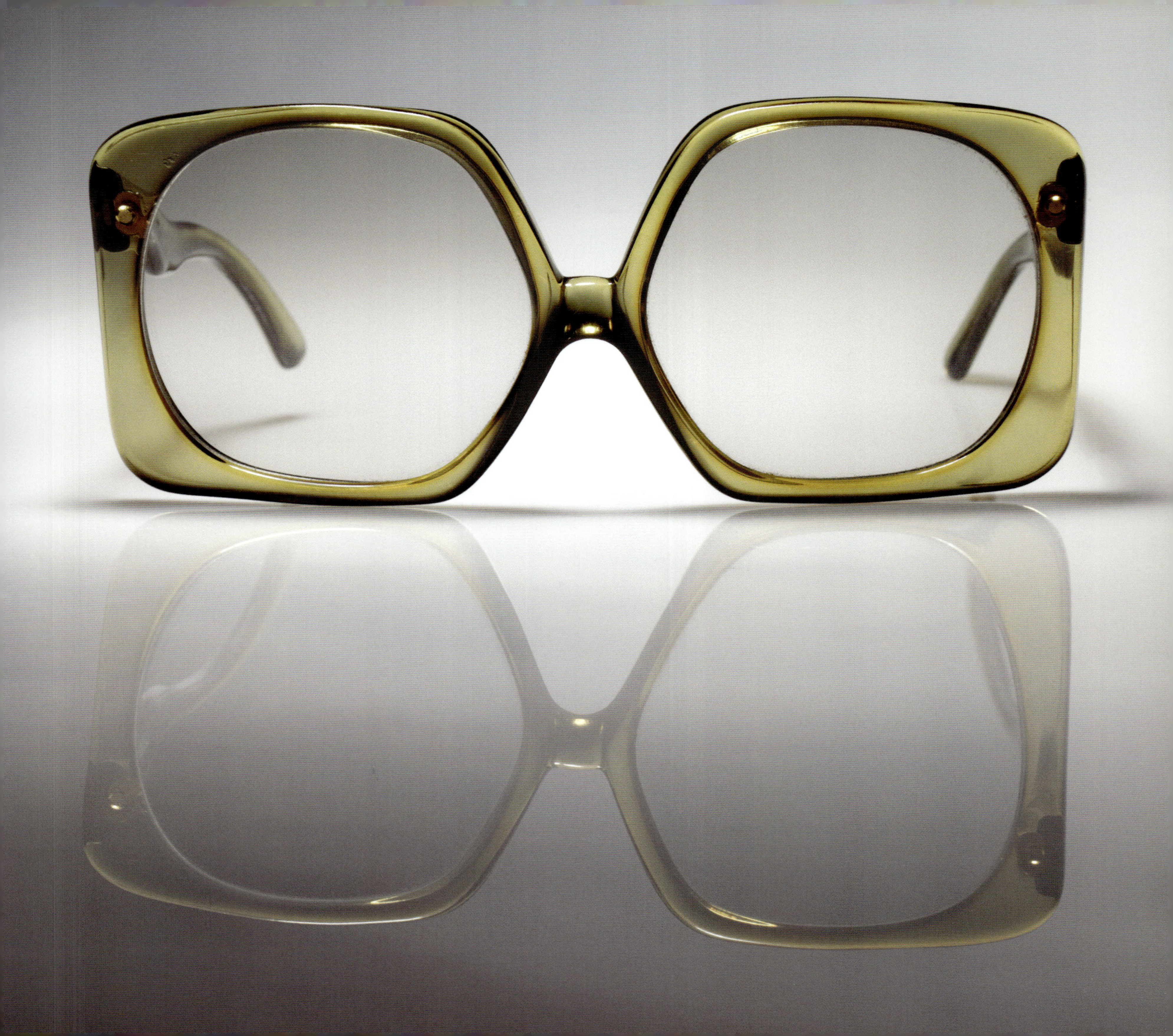

1970年代

革新の時代

1960

年代を特徴づけるスタイルや色は、音楽や映画や社会状況の変化などのさまざまな要素が融合したことが起爆剤となって生まれた。1970年代になると、ファッションは、活気に満ちた製造の技術革新に後押しされて、デザインの面でも素材の面でもさらに洗練されたものとなった。1964年には、革命的な新しいプラスチックのオプチル（同名の会社と混同しないこと）が、オーストリアのメーカー、ウィルヘルム・アンガー・オブ・ヴィエナ・ライン社（のちのカレラ社）によって開発され、特許を取った。当時のメガネは重く、分厚く、壊れやすく、主としてアセテートか硝酸エステルといった弱点のある素材で作られていた。一方、オプチルは非常にすぐれた特質を持っていた。はるかに軽いだけでなく、射出成型と形状記憶のできる初めてのプラスチックだったのだ。つまり、熱を加えると、どんな顔の形にも合うように成形ができ、なおかつ弾力性を保つことができる。化粧品や汗にも耐えられるようにコーティングすることで、光沢仕上げや耐久性をつけることもできた。当代のおしゃれな人々が着用したカレラやディオール、ダンヒル、プレイボーイなどのビンテージデザインは、新品と間違われるほどよい状態で残っている。型に染色を施すこともできるため、色のバリエーションは豊富である。

この画期的な新素材の登場と、ガラスのレンズからプラスチックへの交代によって、フレームはドラマチックな域に達し、かけ心地も初めて軽くなった。1960年代の丸い柔らかな形はしだいに角のあるものになり、鮮やかな色合いは抑えられた。1970年代までには、顔の輪郭に沿ったフレームに重きが置かれ、そうしたフレームは"フェースフレーマー"という異名を取った。その過渡期を示すよい例は、70年代初めからなかばにかけてシルエット社が生産したフューチュラシリーズのサングラスである。エルトン・ジョンが初期のコンサートでときおり着用したフューチュラのフレームは、限定版として生産され、1960年代の無地で鮮やかな色と1970年代初めの豪華で大きく、しかも顔を引き立てるフレームをみごとに融合させた。鮮やかな色使いは、そうした大きなフレームではとりわけ印象深い。アイウェアが進化するにつれて、デザイナーは肌の色や化粧の色合い、ファッションのトレンドを引き立たせるような色みを考えるようになった。髪のボリュームは大きくなり、男女ともにたっぷりしたカールやウェーブが人気で、そこにメガネがぴたりとはまった。

1969年にクリスチャン・ディオールは、サングラスのラインを売り出す最初のオートクチュールになり、いまだにアイウェアの装飾に影響力を持っている（そのデザインには、複雑な彫刻や凝った装飾の貴石を使った宝飾品のようなものがある）。1969年の広告の宣伝文句が、デザイン上の考慮点を明らかにしている。「メガネにまつわるファッションのことを語るときには、メイクの話が必ず前提になってくる。メイクとは色によって華やぐもので、メイクをする人の肌の色合いを引き立てるのは化粧品の色だと。だからわたしたちは、メガネのフレームの色合いとして完璧なものを作ったのです」。透明なパステルカラーと同様に、アーシーブラウンやグレー、オリーブグリーン、ステートブルーといった1970年代のメイクに見られたような色の配合は、同時代のサングラスとメガネのフレームにも見られる。

サングラスはとりわけ、ブランドの知名度を上げるのに最適なアクセサリーとして登場し続けた。この流れは1950年代にアメリカのスポーツウェアのデザイナー、クレア・マッカーデルが始めたものだ。イヴ・サンローランやダイアン・フォン・ファステンバーグ、ピエール・カルダン、アンドレ・クレージュ、ホルストンといったデザイナーたちがいち早く自身のサングラスのシリーズを売り出すと、当時のファッションアイコンたちは喜んで取り入れた。ジャッキー・オナシスは、アメリカンスタイルにとくに影響を与えた。1960年代に彼女が愛用した独特の大きい丸型のフレームは、いまだに"ジャッキー・オー"と称されているスタイルだが、1970年代になって四角い形に取って代わられた。映画スター、ブリジット・バルドーは70年代初め、女優を引退するにあたって自らのデザインシリーズをプロデュースし、より直接的にアイウェアにその名を残した。

1970年代のアイウェア界であまり知られていない名前は、モデルからデザイナーに転身したエマニュエル・カーンである。彼女はバレンシアガやジバンシィのモデルとしてキャリアをスタートさせ、1971年に自らのブランドを設立した。自身もメガネ愛用者として、トカゲやヘビ、ダチョウ、ワニ、サメなどの本革で装飾された膨大な数のフレームを所有していることで知られるようになった。彼女のアイウェアのシリーズは必要から

次ページ：エルヴィス・プレスリー。1970年。
148ページ：オプチル製フレーム。フランス製。

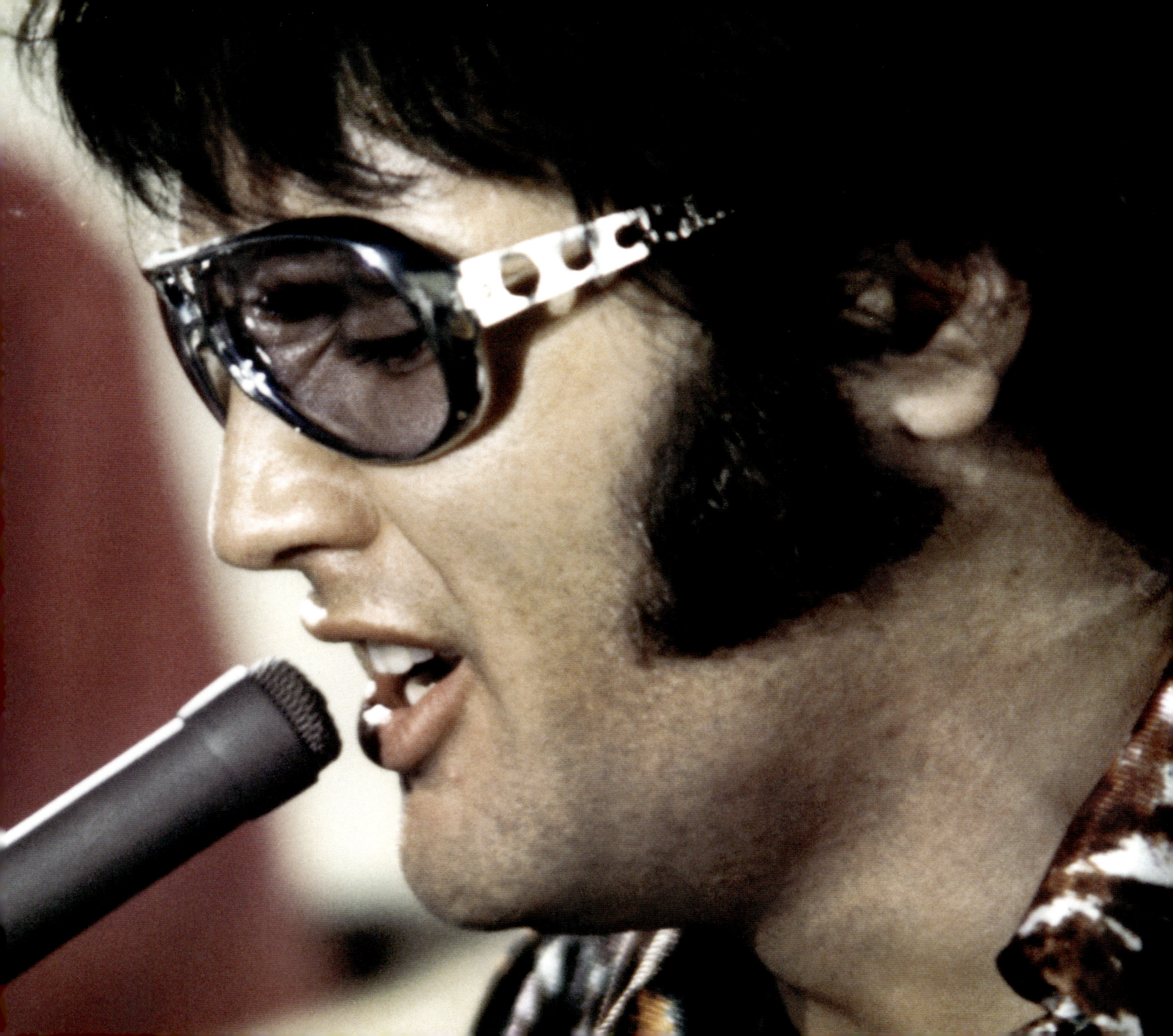

生まれたものだと本人は語っている。「メガネをかけるのは不格好だと思っていたから、かけることをずっと拒んでいたの。でも、その思い込みのせいで、いやな思いをしたことは数知れず。中でもいちばん恥ずかしかったのは、タクシー待ちをしていて、ぜんぜん知らない人の車に間違って乗ってしまったことよ！」。

1970年代にはアンバーマティックレンズが登場し、サングラスの使用者にとっては新たな魅力が加わった。偏光ガラスとして一般に知られているそのレンズは、光の変化に順応して、明るい場所では濃い色に変わる。以前はサングラスといえば外出用のスタイルとされていたが、今やどこでもかけることができた。処方されたメガネとファッショナブルなサングラスとのデザインの差もなくなり、心躍る新たな可能性をフレームの形にもたらした。

この時期、グラデーションサングラスも登場した。レンズは漬け染めしたので、色と濃淡のバリエーションは限りなくあった。最も普及した形は、上が濃く、下になるほど薄くなるものだ。このレンズはさまざまなスタイルのサングラスに使われた。中でも抜きん出た存在はアビエーターだろう。アビエーターは、1930年代にボシュロム社によって最初に開発されてレイバンというブランドになり、ミック・ジャガーやジェフ・ベック、エリック・クラプトンといったロックスターがかけて人気が高まった。そのスタイルは、1970年代になってベトナム戦争を取り巻く論争や反対運動が起こったことによって、ほかの軍隊関連のファッションとともに新たな人気を博した。針金やメタリックシルバー、金のフレームは、あらゆる形やサイズのものが、とくに男性用で流行した。シルエット社は1973年に、初めて色つきのメタルフレームを製造した。

エルヴィス・プレスリーは1970年代までに、音楽同様に突飛な衣装で有名になったが、派手な金属製サングラスを自分の容姿の一部にした。彼はネオスタイル社のナウティックシリーズ——彼のトレードマークである金の特大フレーム——をラスベガスのメガネブティックで偶然見つけ、17金のもの数個を含めていくつか注文したという。オーナーのデニス・ロバートはのちに、彼のパーソナルオプティシャンになり、ブリッジにイニシャルの"EP"を入れたサングラスをカスタマイズした。プレスリーのメガネの多くは特別仕様で手作りされ、彼のモットーである「やるべきことをきちんとやる（Taking Care of Business）」の頭文字で彼のバンド名でもある"TCB"のロゴが、ツルの部分に稲妻のマークと一緒にデザインされているのが特徴だった。いわゆるキングのサングラスがオークションで10,000ポンドを超える金額で売れたことは有名である。とくにネオスタイルの派手なデザインは、テリー・サバラスやレイ・チャールズ、ドン・キングなどに愛用された。

ジョン・レノンもアイウェアの好みで自分を表現したが、やり方はもっとさりげないものだった。1960年代後半と1970年代に彼のトレードマークになった丸い金縁のグラニーグラスは、イギリスのNHSから低価格で入手できるもので、セレブリティの象徴的なものを彼が拒んだことを示している。彼がかけたアルガ社のパントモデル45の黄色いフレームのレプリカは、リバプールにあるビートルズ博物館に保管されている。メガネのスタイルの進化に英雄崇拝がどんな影響を与えているか見てみるのもおもしろい。たとえばジョン・レノンの

上：1974年の、シルエット社によるフューチュラのサングラスの広告。

1970年代

メタルフレームは、1940年代にガンジーがかけたものと似ている。一方、ジョン・レノンの崇拝者と公言しているオアシスのボーカルのリアム・ギャラガーは、レノンに似たメタルフレームをかけて、身体的に似せようとしたことで有名である。

1970年代が進むと、ポップミュージックにおける新たなトレンドは、当代の派手なデザインを取り入れ、流行の極限まで行きついた。グラムロックはけばけばしさの体現で、デヴィッド・ボウイやルー・リード、T・レックス、ロキシー・ミュージック、ニューヨーク・ドールズ、エルトン・ジョンといったアーティストたちが、派手な服やメイク、ヘアスタイル、そして光もので着飾ったグラムルックを世に広めた。エルトンは、ほぼ間違いなくポップミュージック界で最も象徴的なメガネ愛好家であり、1950年代のロックンロールスター、バディ・ホリーに触発されて、20,000点を超えるメガネを所有していると自負している。

エルトンは、その父親がアングロ・アメリカン社の創業者であるアメリカ生まれのローレンス・ジェンキンを含む、世界的な名匠何人かの手によるメガネを着用している。ジェンキンは、マンハッタンの中心にあるルジェネ・オプティシャンで職に就いた。そこには膨大な顧客のリストがあり、ジェンキンはすぐに、アメリカにはイギリス製の流行のフレームを求める、とてつもない可能性があると気づいた。そこで彼は、アングロ・アメリカン社にいた兄弟と一緒に、自分のデザインを生産する工場をイギリスに設立した。それは年月を経てアイウェアデザインにおける一流ブランドの一つとなり、いまだにロンドン東部でローレンス・ジェンキン・スペクタクル・メーカーという会社名で生産を続けている。エルトンはまた、アラン・ミクリやデイブ・コックスといったデザイナーの認知度を上げるのにも貢献した。

この時代、メガネ姿がトレードマークとして知られたほかのセレブリティには、マイケル・ケインとピーター・セラーズがいて、1960年代にかけていた太いフレームのメガネを引き続きかけていた。二人とも、『タイムズ』誌が「髪にとってのヴィダル・サスーンや服にとってのマリー・クワントのように、サングラスにとっての特別なデザイナーである」と評した、オリバー・ゴールドスミス社のお得意様だった。ゴールドスミスは最新情報に通じていて、デザインにファッションのトレンドや社会の出来事を反映させた。パンクロックが産声をあげた1974年には『ヴォーグ』誌が、チェーンや安全ピンなどのパンクファッションの道具類で装飾されたオリバー・ゴールドスミス社の美しいデザインを取り上げた。

マイケル・ケインが映画『悪の紳士録』（1972年）の中で身に着けた、しわの寄った白のコーデュロイスーツと、太くて黒い角のあるフレームに薄いピンク色のレンズは、1970年代の格好よさの象徴だった。この時代、サングラスは主役を明示するのに使われた。クリント・イーストウッドは、犯罪スリラー『ダーティー・ハリー』（1971年）で、レイバンのバロラマをかけており、スティーブ・マックイーンは、『ゲッタウェイ』（1972年）の強盗犯役で、トレードマークのペルソールをかけている。ペルソールを傘下に持つルックスオティカ社は2010年に折りたたみ式サングラスを復刻し、714モデルをかけたマックイーンの映画のスチール写真で広告キャンペーンをして、数日で完売させた。

サングラスが主役となった別の映画には、ウッディ・アレンのロマンチックコメディ『アニー・ホール』（1977年）がある。アニーを演じたのはダイアン・キートンで、彼女は幅の広いオックスフォードパンツにベスト、ぼろぼろのフェルト帽を、薄い色のついた大きなサングラスで引き立たせた。その格好は高い人気を得て、何度も繰り返されるファッショントレンドとなっていった。アニーのひどく神経質な恋人役を演じたアレンは、トレードマークの黒いフレームのメガネをかけていたが、彼のこのスタイルは今もほとんど変わっていない。アレンはこう言ったと伝えられている。「みんなは僕について2つ大きな思い込みをしている。メガネをかけているから頭がいいと思っているし、映画がヒットしたから芸術家だと思っているんだ」。

1970年代の終わりには、相争う音楽のトレンドがいくつか現れたことが、流線型のデザインを生み、その後のもっとつるつるした鋭いスタイルにつながった。1970年代後半に全盛期を迎えるディスコの登場に伴って、ライクラやサテン、ルレックスなどの伸縮性に富み、きらきら光る素材を使った、体にぴったりした光沢のある服のファッションが生まれた。そのスタイルのよい例は、映画『サタデー・ナイト・フィーバー』（1977年）である。一方、アイウェアは電子的な虹色や流線形で特徴づけられた。ニューウェーブもアメリカのヒップホップも、新しいフレームスタイルとアイウェアのまったく新しいかけ方を引き出すきっかけになった。

1970 年代

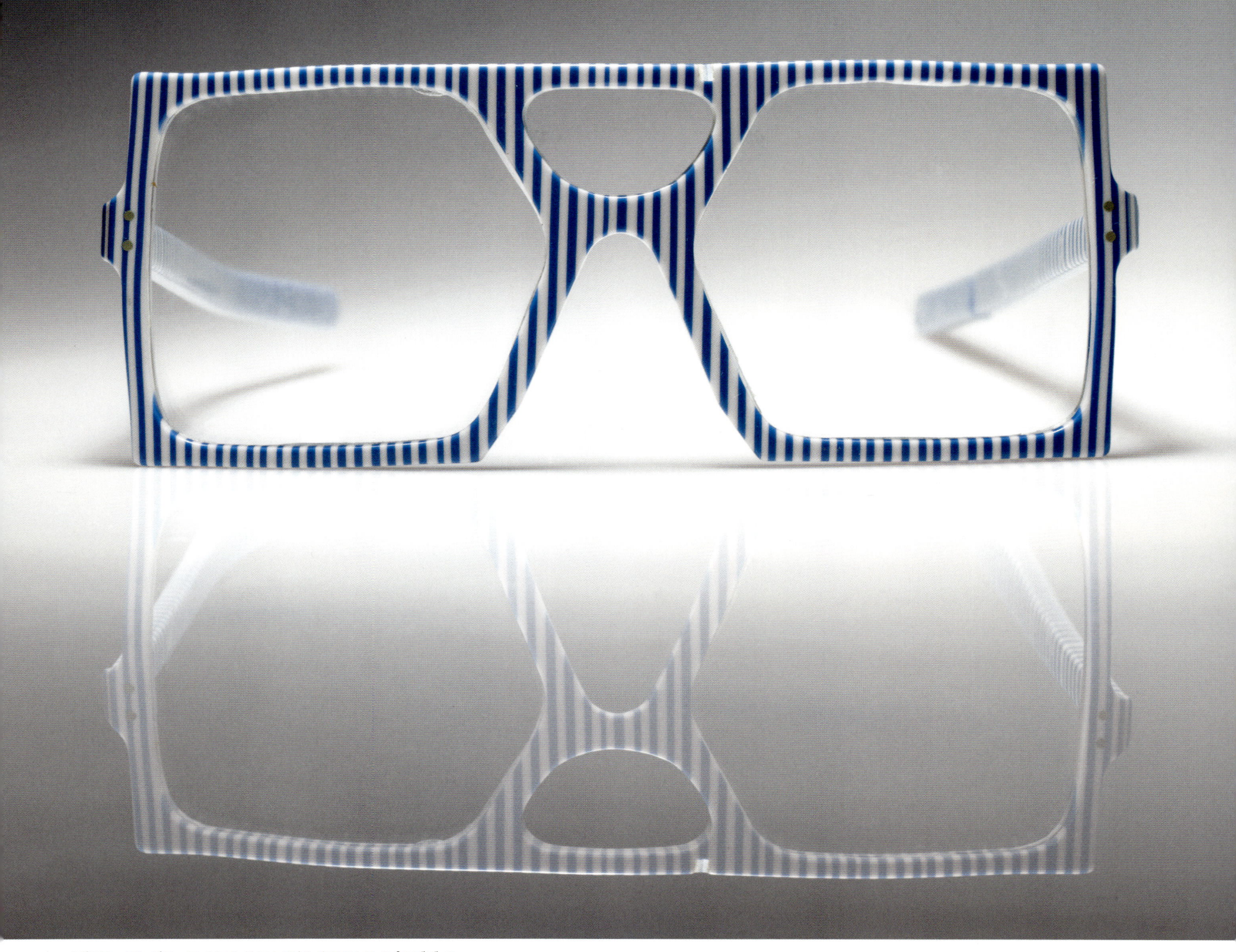

上：イギリス、アングロ・アメリカン社による青と白のストライプのデザイン。
前ページ：イギリス、マイケル・セルコット・デザインズ社製の白のプラスチック製フレーム。
156 ページ〜 157 ページ：クリスチャン・ディオールによる射出成型フレーム。フランス製。

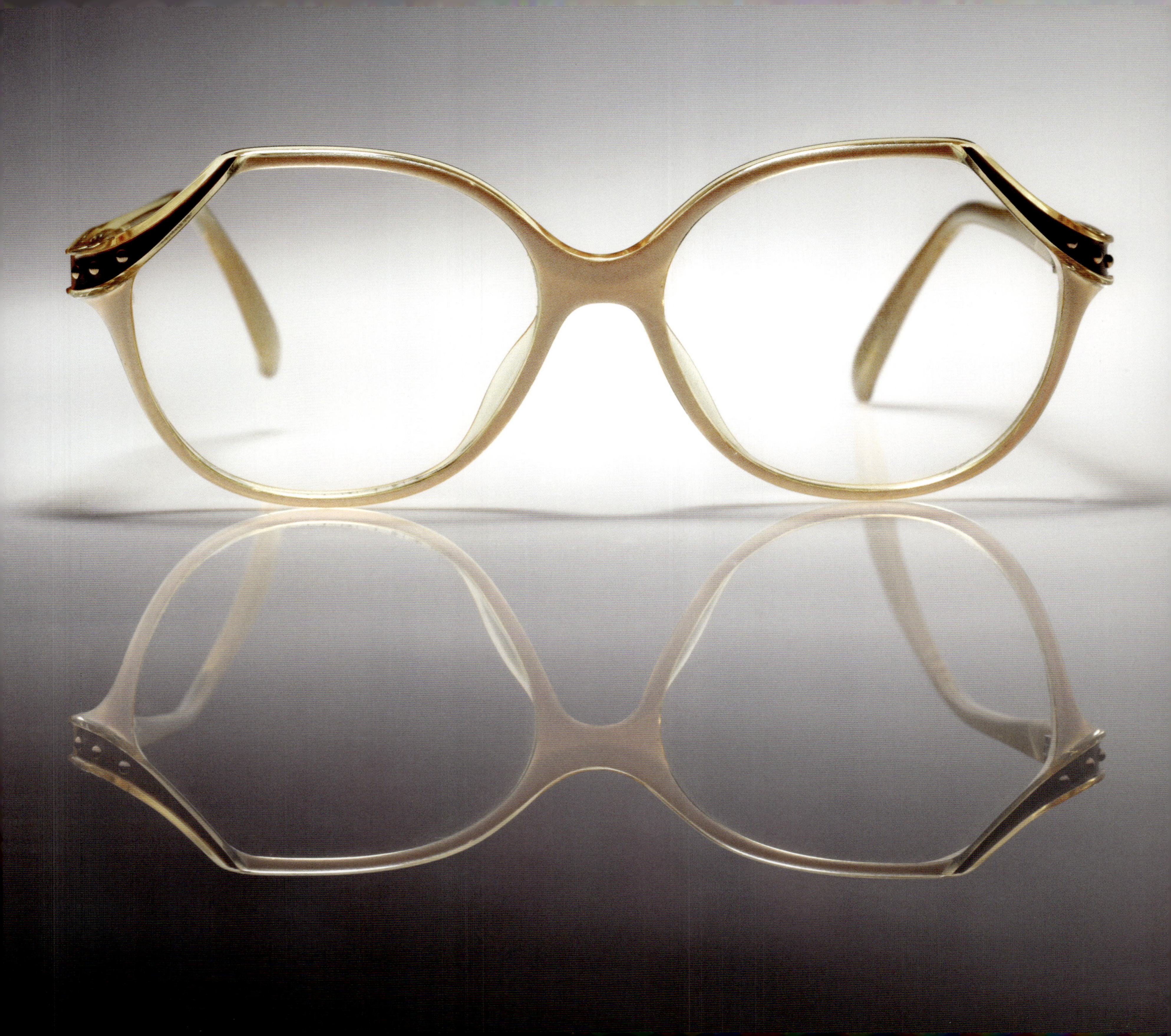

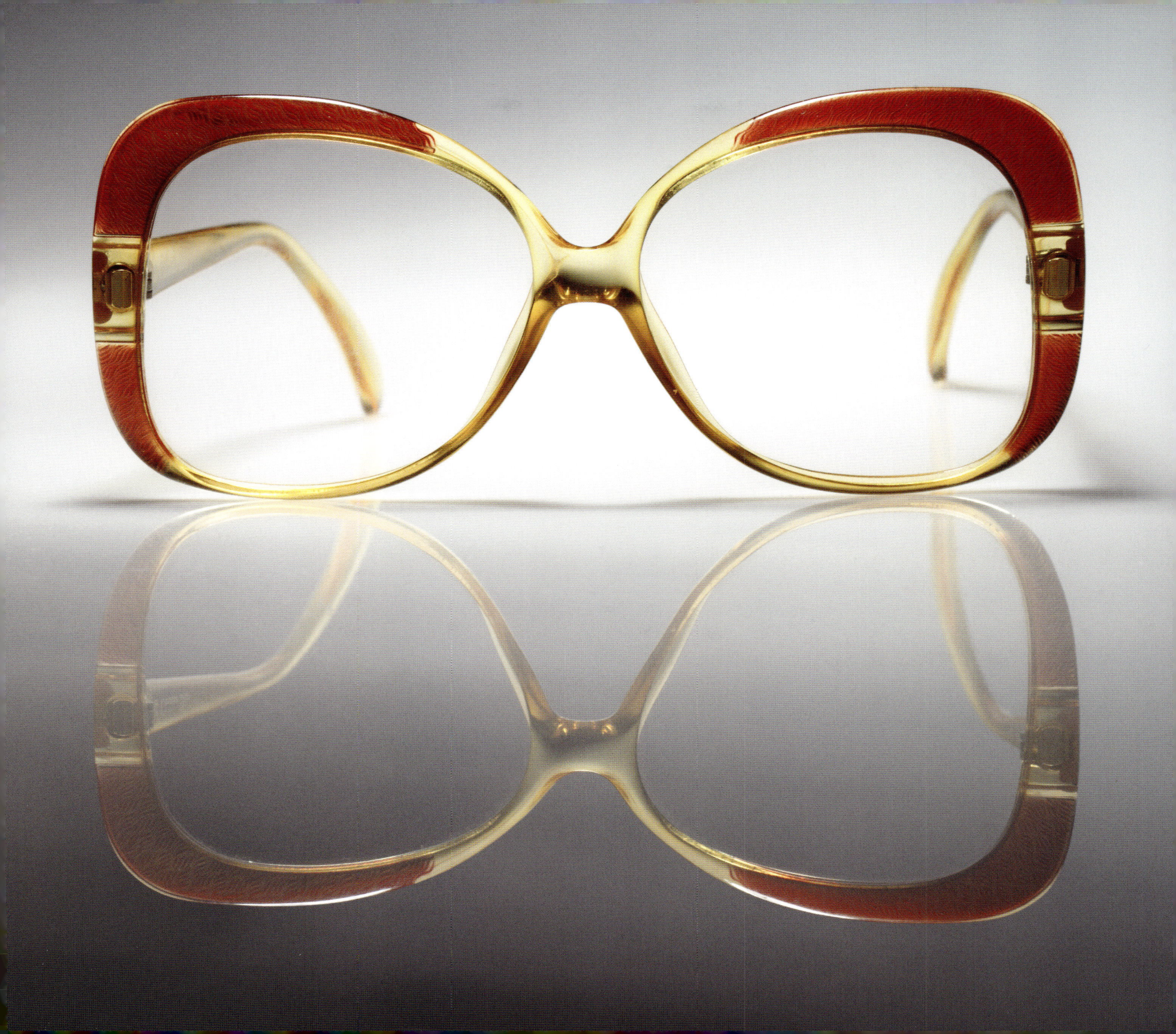

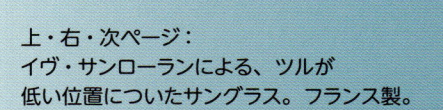

上・右・次ページ：
イヴ・サンローランによる、ツルが
低い位置についたサングラス。フランス製。

1970年代

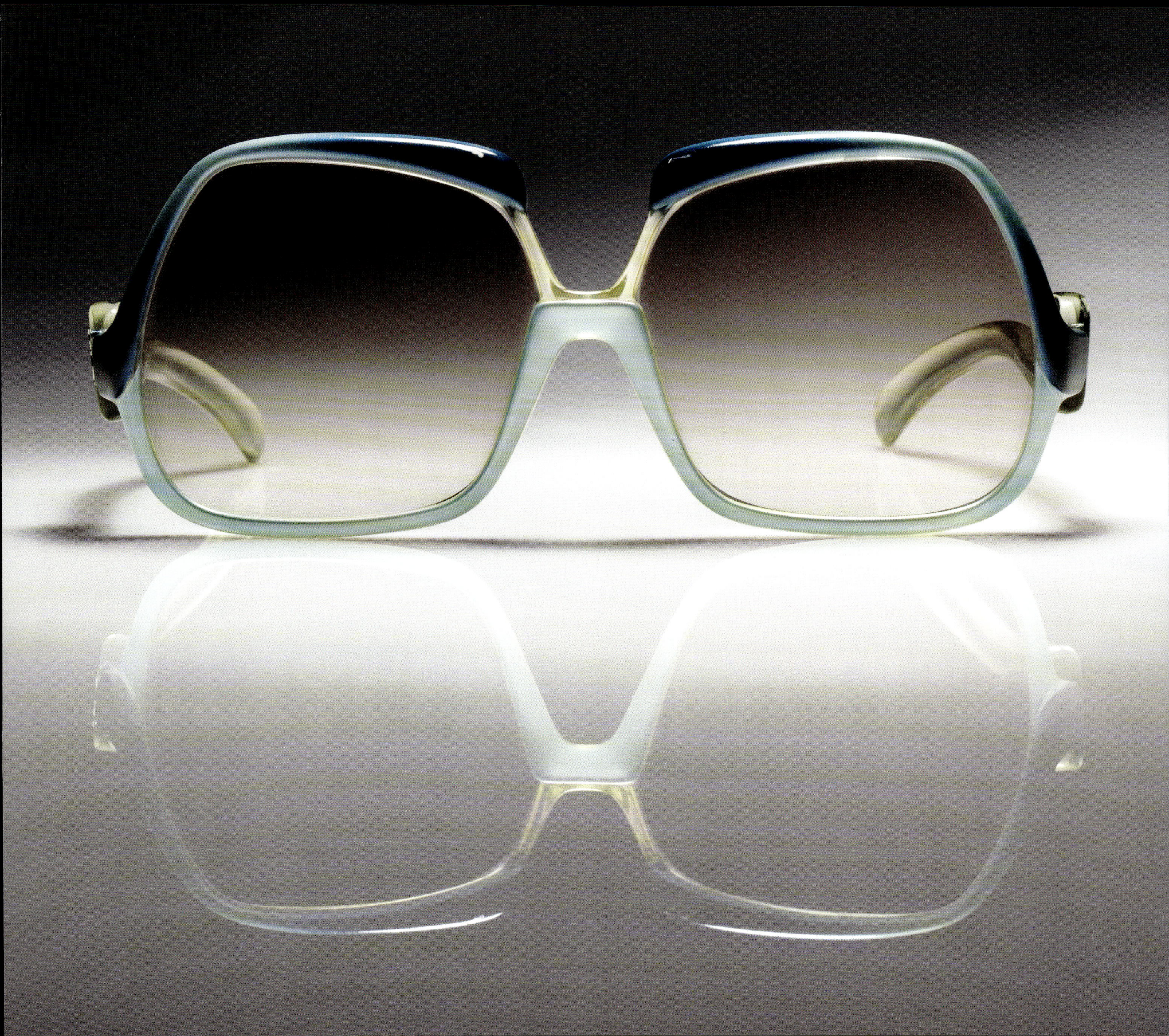

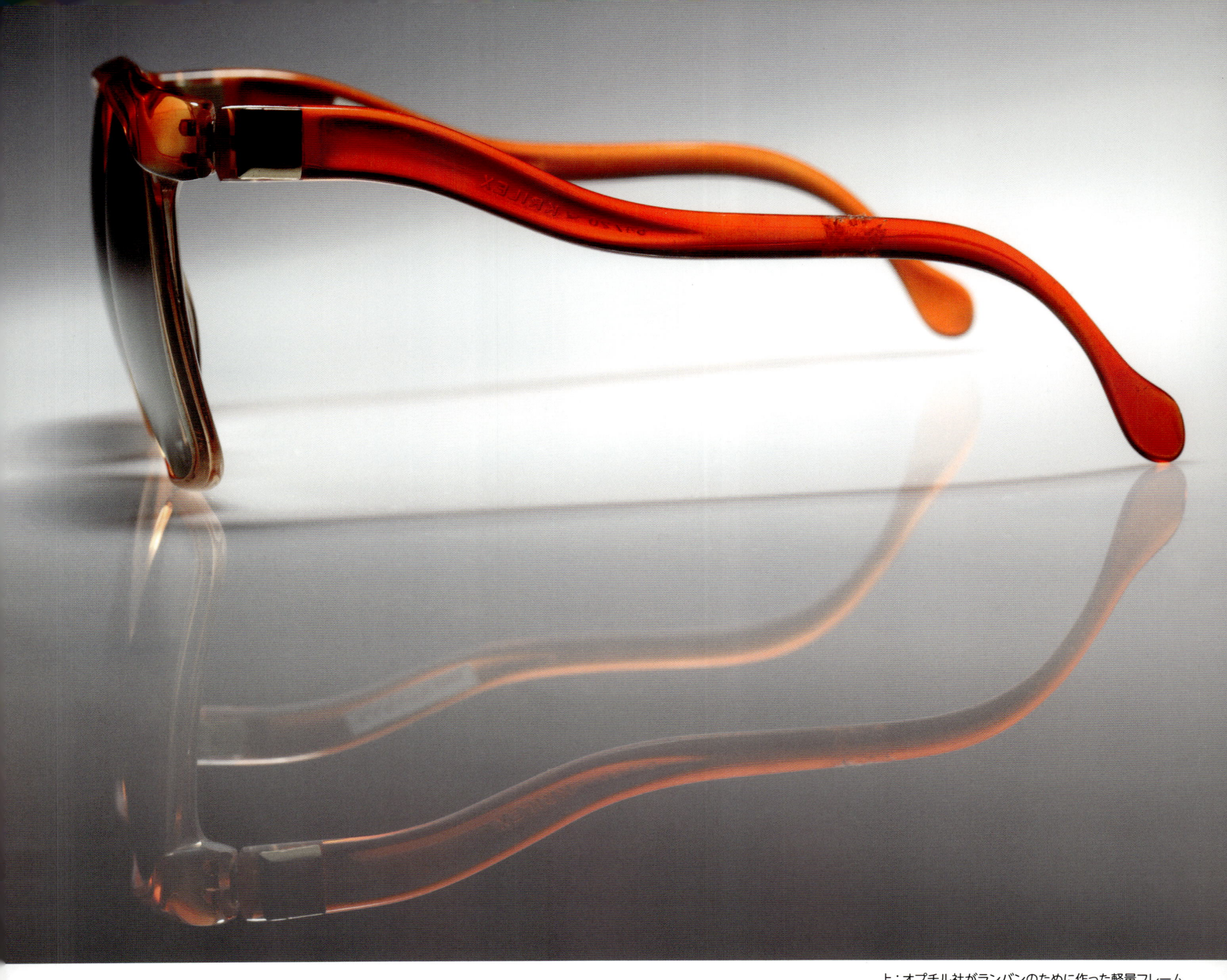

上：オプチル社がランバンのために作った軽量フレーム。
フランス製。
次ページ：射出成型サングラス

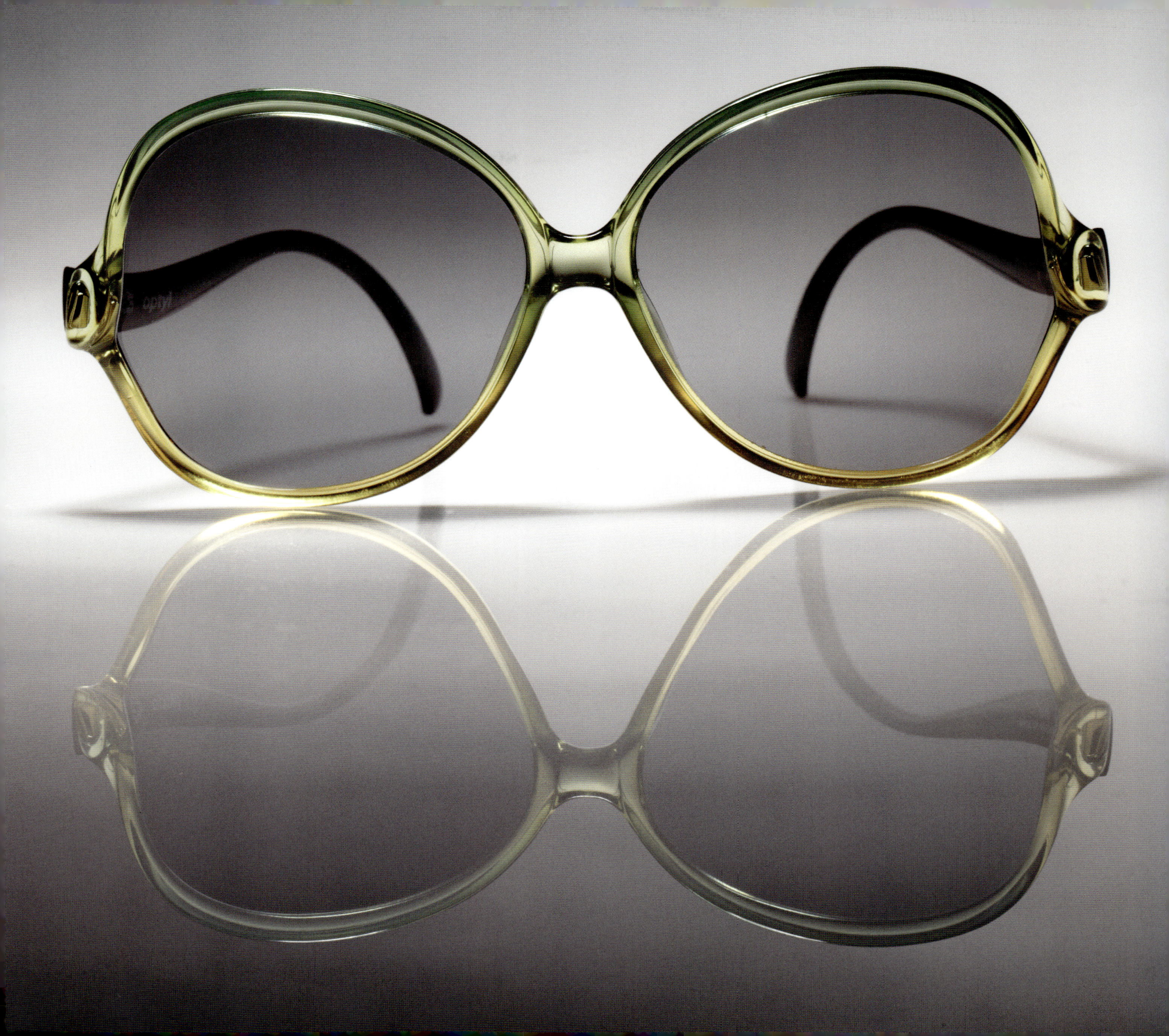

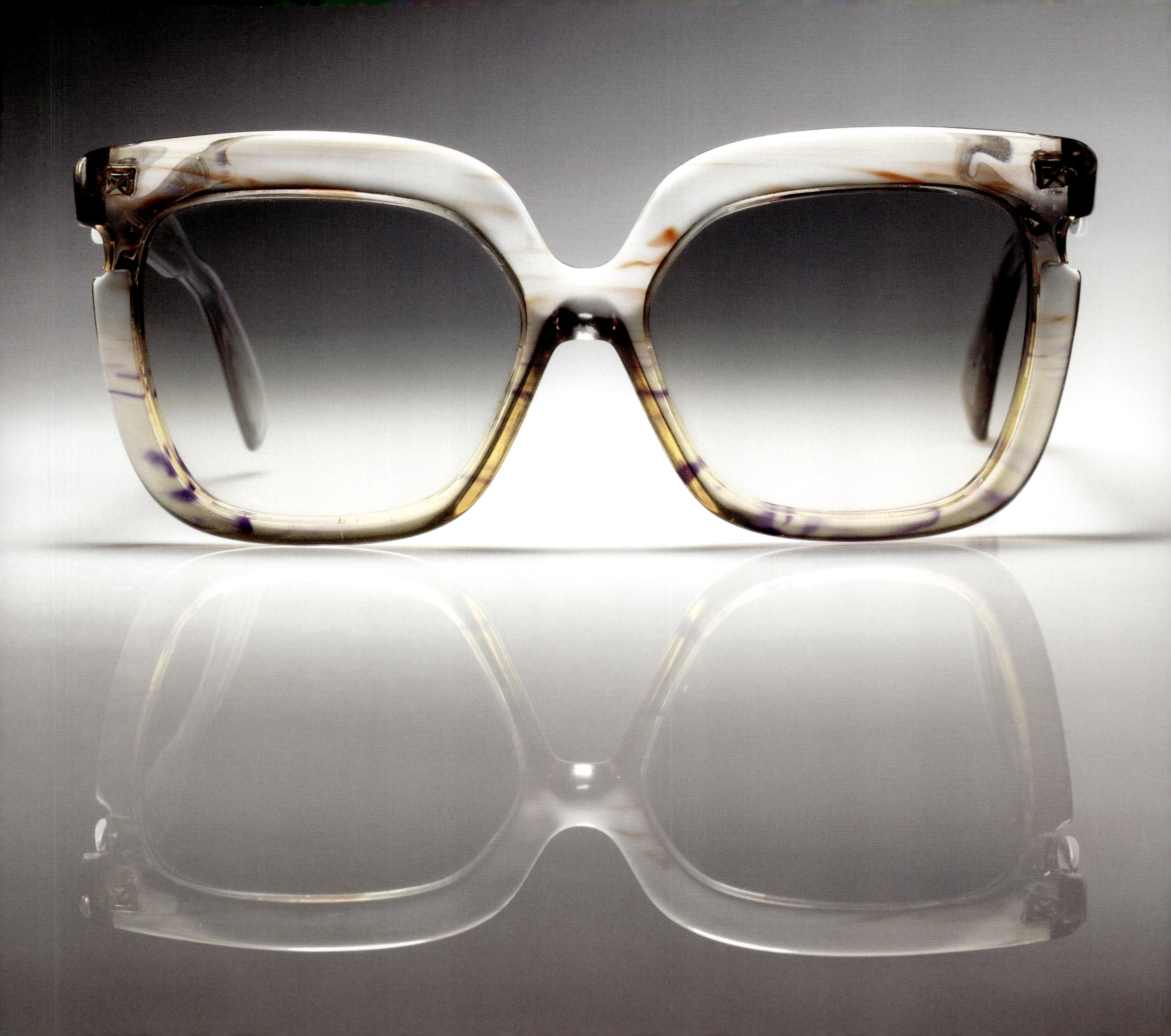

下：オリバー・ゴールドスミス社によるロスコーのデザイン。グレース・ケリーが着用したスタイル。
前ページ：オーストリア、シルエット社によるデザイン。

1970 年代

上：バレンシアガによる紫とオレンジ色のツートーンのサングラス。
前ページ：漬け染めフレーム。1970年代のメガネによく見られたデザイン。

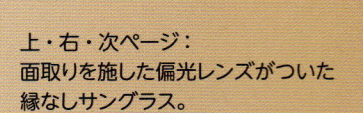

上・右・次ページ：
面取りを施した偏光レンズがついた
縁なしサングラス。

1970 年代

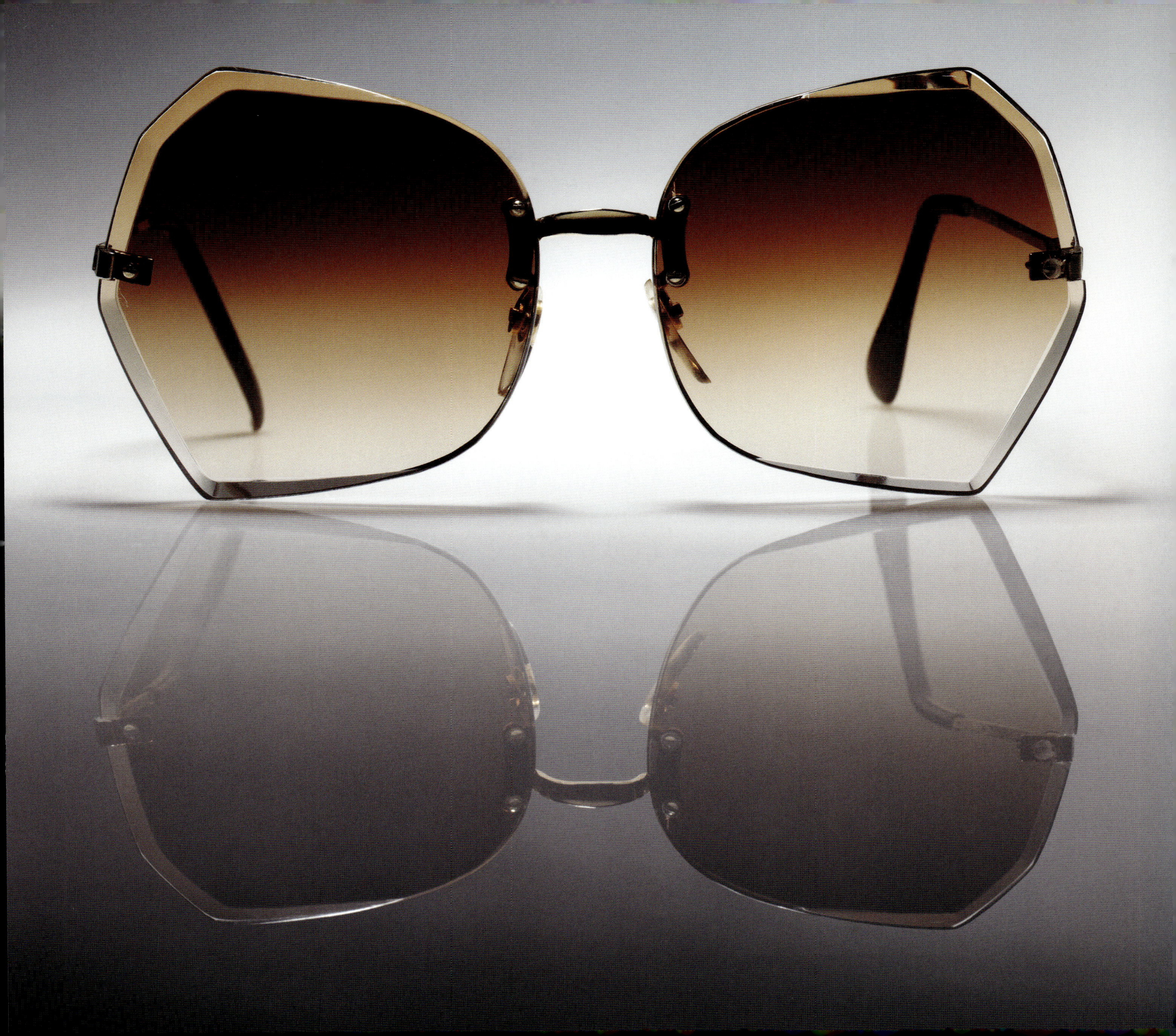

168   1970年代

上：ピエール・カルダンによるアセテート製サングラス。フランス製。
次ページ：クリスチャン・ディオールによる、ツルに複雑な雷文細工を施したクリーム色のサングラス。

169

1970 年代

下：木目調のツルと色つきレンズがついた、上部のみの男性用フレーム。
前ページ：アイコニックなティアドロップ型をした、鼈甲風のパイロットスタイルのフレーム

1970 年代

上：1970年代のファッションを反映したメタルフレームと鮮やかな色つきレンズがついた、
アビエータースタイルのサングラス。
前ページ：アメリカ、ランドルフエンジニアリング社製のスタンツ。

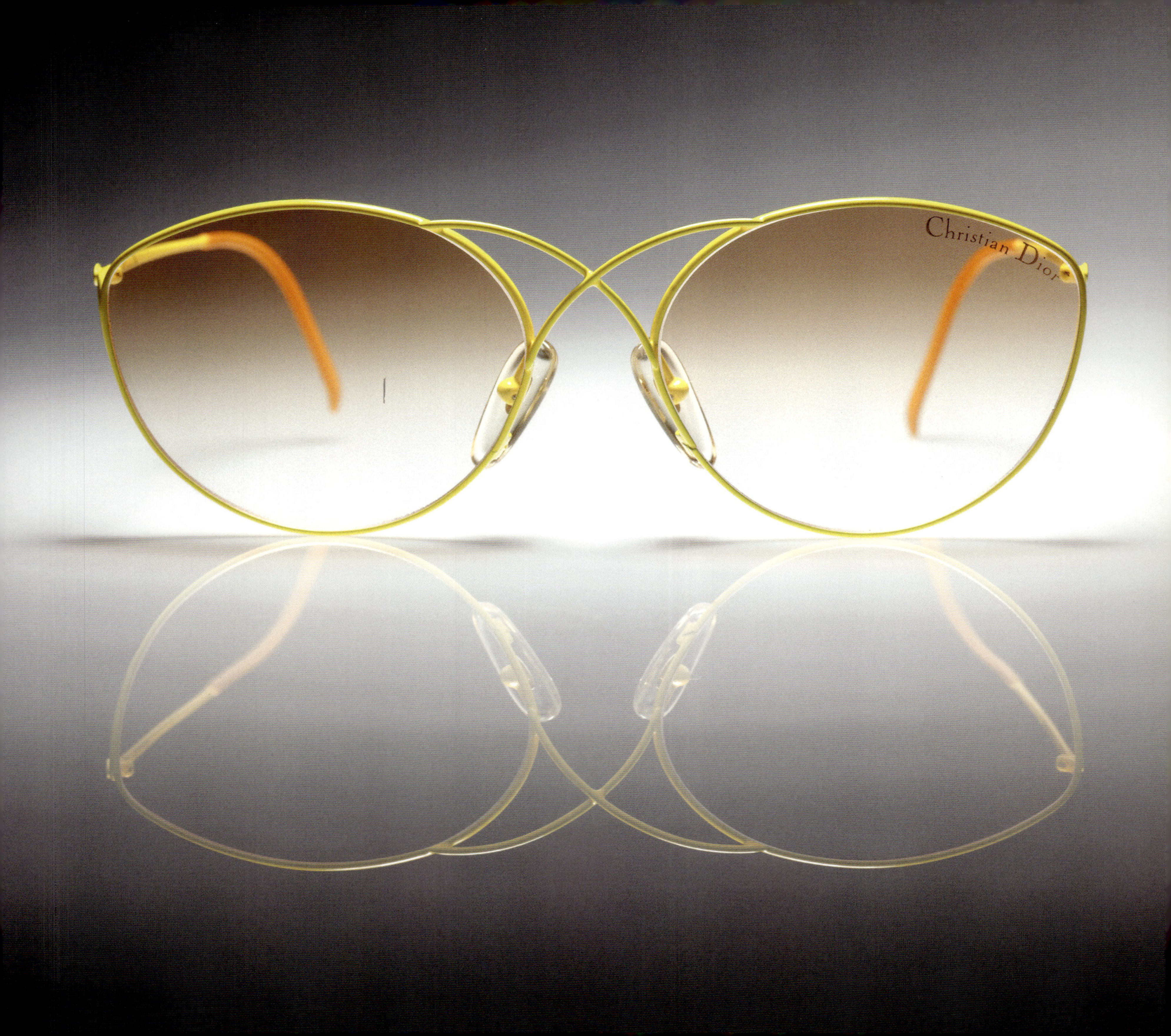
Christian Dior

1980年代

洗練と奇抜

1980年代には、多くの国において社会変革や経済成長、財政繁栄の時代が到来した。ファッションは、対照的なスタイルが多様に混ざり合っていた。ストリートカルチャーは引き続きファッションの風潮に影響を及ぼし、1970年代に始まったトレンドがヒップホップやニューウェーブによって勢いを増した。色鮮やかなナイロンのシェルスーツや、蛍光色の靴ひもがついたアディダスのシェルトウ、ヒップホップにつきものの重い金の鎖などの大流行によって、きらきらした色が幅広いファッションに取り入れられるようになった。1970年代後半にパンクと同時に生まれたロックの1ジャンルであるニューウェーブは、格好よくて奇抜なものから受け狙いのけばけばしいものまで、多岐にわたる別のスタイルを取り込んだ。デビー・ハリーやマドンナ、エルヴィス・コステロ、ボーイ・ジョージ、マッドネスといったミュージシャンは、濃いアイラインや羽根の生えたような大きな髪型、奇抜な服装などで特徴づけられるニュールックを定義するのに一役買った。

メガネのデザインは、こうしたファッションの幅広いトレンドを反映して、多様なオリジナルのスタイルが売り出された。フレームは大きくて色鮮やかなものが主流だったが、大胆で当世風な原色のものもあれば、薄く半透明のパステルカラーのものもあった。イタリアの建築家エットーレ・ソットサスによって結成されたデザイナー集団メンフィスは、この時代に重要な役割を果たし、1950年代のキッチュや1960年代のポップアート、未来的デザインなどからインスピレーションを得た。その影響は1980年代のメガネのいくつかに反映されていて、鋭い角度や明るいパステルカラー、緻密で対照的な模様が使われている。

別のトレンドは、しゃれの利いた手作りの美しい奇抜なフレームに着目し、広告産業はその傾向にいち早く飛びついた。動物やカクテルグラス、テニスラケット、エッフェル塔といった、さまざまな形をした突飛なデザインのフレームが、あちこちの雑誌のページを飾った。こうしたデザインは、アングロ・アメリカン社のような会社によって生み出され、非対称だったり、斜めだったり、角があったり、幾何学的だったりして、当時の芸術に多大な影響をもたらしたグラフィティ(落書き)アートやコマ割り漫画を彷彿させる。

富と権力のイメージが出せるということで、ファッションではブランド名がもてはやされるようになった。ドン・ジョンソンやトム・クルーズのようなハリウッドスターがペルソールやウェイファーラーをかけてセックスアピールをにじみ出させ、この時代の女性のアイコンである、かのジョーン・コリンズやジェーン・フォンダ、ダイアナ妃は、ボリュームのある非対称のリボンと大きな肩パッドに合う、良質の金属やプラスチック製の大きなフレームを愛用した。80年代後半のスタイルの代表格には、ダイアナ妃が愛用したことで有名な、オリバー・ゴールドスミス社の白のフレームに黒の細部装飾を施したサングラスが挙げられる。

映画でのプロダクトプレイスメントは、ずっと一般的なものとなり、富やステータスを誇示するためのファッションという風潮を如実に映し出した。レイバンのウェイファーラーのように、それとすぐわかるようなサングラスは、明らかに有利な立場にあった。1960年代後半から70年代にかけては人気の衰えを見せたが、ミュージカルコメディ映画『ブルース・ブラザーズ』(1980年)が封切られると、そのスタイルが目立って取り上げられるようになり、ブランドの注目度は上がり、売り上げも増えた。1982年から1987年のあいだには60本を超える映画に登場した。トム・クルーズもウェイファーラーをかけて映画『卒業白書』(1983年)の宣伝用ポスター

上: ロンドン、グッチの広告。1986年。
次ページ: イギリス、オリバー・ゴールドスミス社製のベルウィックのサングラスをかけたダイアナ妃。1987年。
174ページ: クリスチャン・ディオールによる、X字型ブリッジと色つきレンズがついたメガネ。フランス製。1980年代後半。

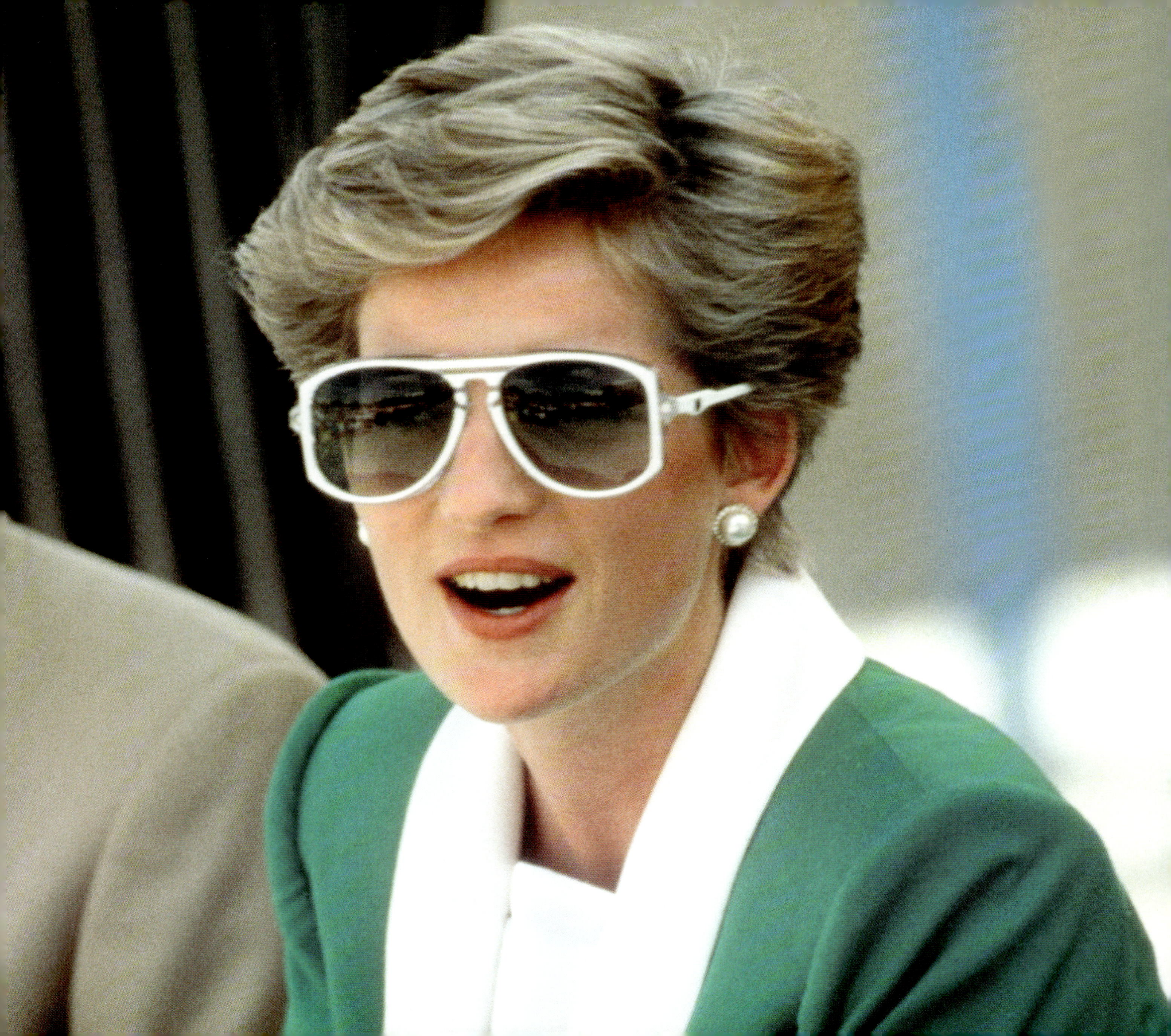

に写っている。そのスタイリッシュなデザインは、1980年代を
思わせる物欲を映し出している。売り上げはうなぎのぼりになり、
1981年の12,000個から36万個を上回るまでになった。
デザインモデルの数も80年代初めの2つから、40を超えるまで増えた。
ウェイファーラーは男女を問わずかけられるフレームだったが、当時は男性
ばかりがかけているのが実質だった。

　リドリー・スコットが監督したアップル社マッキントッシュのコマーシャル
『1984』で衣装係を務めたサイモン・マレーは、映画会社や
衣装デザイナーのあいだで目の小道具を求める声が
多いことに気づいた。それがきっかけで彼は
あらゆる時代のメガネとサングラスを集めるように
なり、アイウェアの世界トップ企業と関係を築いて
いった。1987年に彼が設立したオンスペック・
オンティック社は創業以来、映画、テレビ、広告産業に
アイウェアを提供し、アイコン的なメガネの
キャラクターを数多く画面上に生み出してきた。
「フレームは顔に新たな特徴を加えるもの。
あるいは、特徴のない顔に命を吹き込むもの」と
マレーは言っている。「フレームは人の印象を変える
ことができるし、この人はこういう人だという既存の
印象や思い込みを強めることもできる」。

　映画でさまざまなイメージを創り出してきたメガネ
とサングラスの潜在能力は、音楽産業にも
生かされた。マドンナと、ブロンディを率いる
デビー・ハリーは、ともにウェイファーラーを着用して、先鋭的で性的魅力
にもあふれていた1980年代のストリートスタイルを作り出した。映画
『マドンナのスーザンを探して』(1985年)でのマドンナのスタイルは
多くの人にまねをされ、髪に結んだ大きなリボンとレースの手袋と
ウェイファーラーの組み合わせは、ストリートスタイルを要約するものと
なった。また、黒のレザーとストライプのTシャツとウェイファーラーという
ハリーの巧みな取り合わせは、今日でもまねをされている。マイケル・
ジャクソンも1980年代後半、アビエーターとともにウェイファーラーを

愛用し、アルバム『バッド』(1987年)のプロモーションでウェイファーラー
をかけている。

　1982年に再登場した、アラン・ミクリによる独特なデザインの
シャッターシェードも、音楽産業に喜んで取り入れられたフレームである。
このメガネにはレンズがなく、横格子状のフレームだけでできていて、
機能性は求めないファッションメッセージだけのものだった。ベネチア風
ブラインドによく似た1950年代のデザインにちなんで
ベネチアンブラインダーとも称され、1982年にシンプル・マインズの
『グリッタリング・プライズ』のミュージックビデオで
初めて登場した。このフレームは2007年に、
カニエ・ウエストのリクエストによってミクリが
デザインしなおし、カニエ・ウエストはそれを
ミュージックビデオ『ストロンガー』でかけている。

　ジェーン・フォンダのワークアウトのビデオで
大流行したエアロビクスやランニングなどの人気が
高まったことで、スポーツウェアがファッション一般に
影響を及ぼすようになり、日常着の一部になった。
このトレンドは、ブガッティやカザール、オークリー、
アルピナなど、同時代に流行したブランドの
フレームに反映されている。スキーでは、ゲレンデの
ファッションに合うようなスタイリッシュで高性能な
アイウェアが求められるようになり、チタンフレームの
出現は、重要な一歩となった。チタンは高価だが、
スポーツには理想的な性質を備えていた。
丈夫で安全、しかも軽量で柔軟性に富み、さまざまな美しい色に発色させて
繊細なデザインを作ることができた。

　フレームのデザインにおいては、過去の掘り起こしが続き、初期の
威光が再浮上を始めた。ほぼすべてのフレームの形が、この時代には
大々的に見直されて作り変えられた。1920年代と30年代にかけられた
小さくて丸い角縁フレームも復活を遂げたが、そのきっかけを与えたのは、
スティーブン・スピルバーグによるハリソン・フォード主演の映画
『インディー・ジョーンズ』だと言えるだろう。

上：シルエット社のメガネの広告。
次ページ：イギリス、オリバー・ゴールドスミス社製のベルウィックのフレーム。

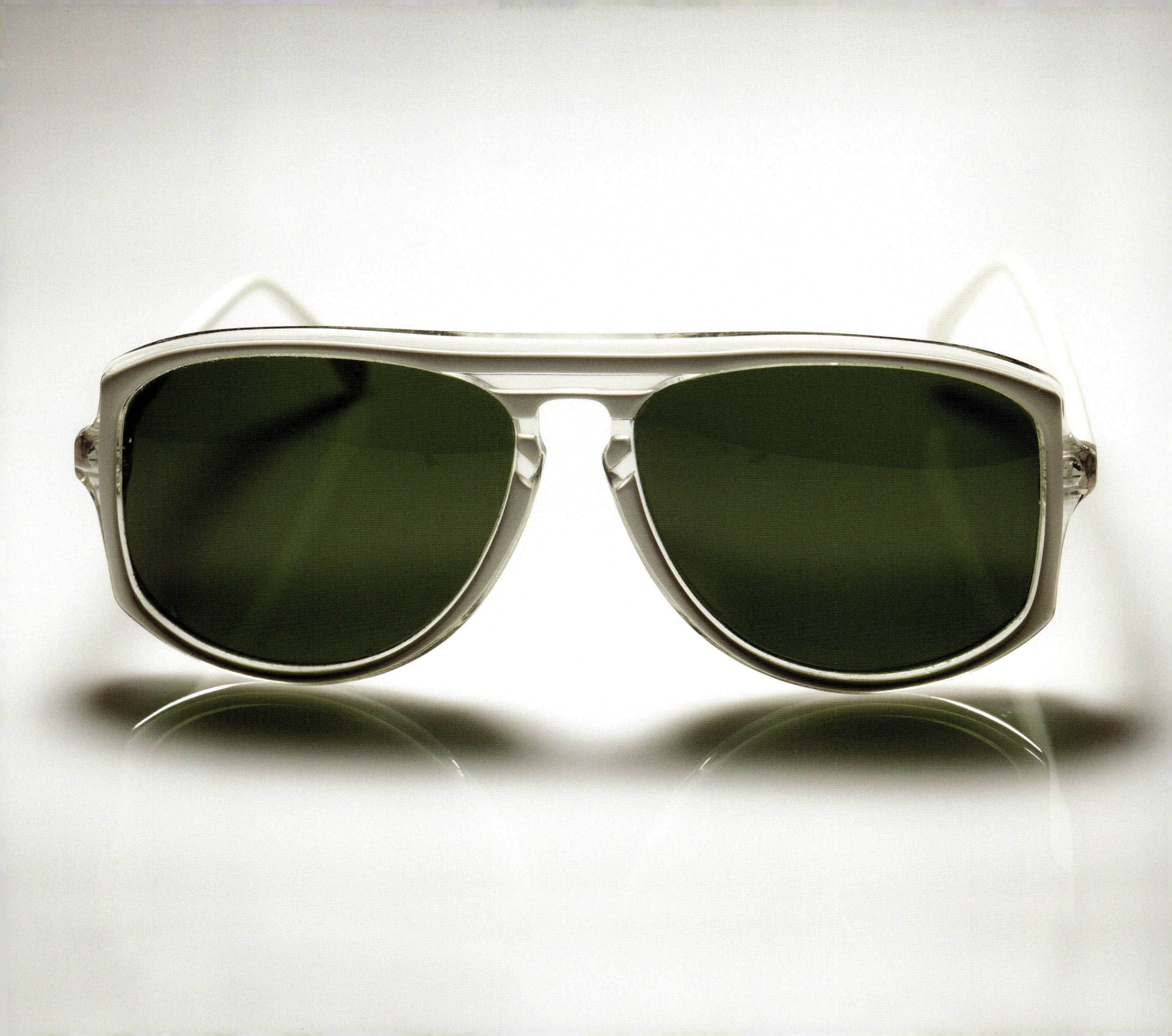

1980 年代

上・前ページ：アングロ・アメリカン社のローレンス・ジェンキンによる手作りの奇抜なデザイン。
イギリス製。

1980 年代

下：幾何学的な細部装飾を施した、青いプラスチック製の男性用フレーム。
前ページ：フレーム上部が張り出した、赤のラップアラウンドのサングラス。

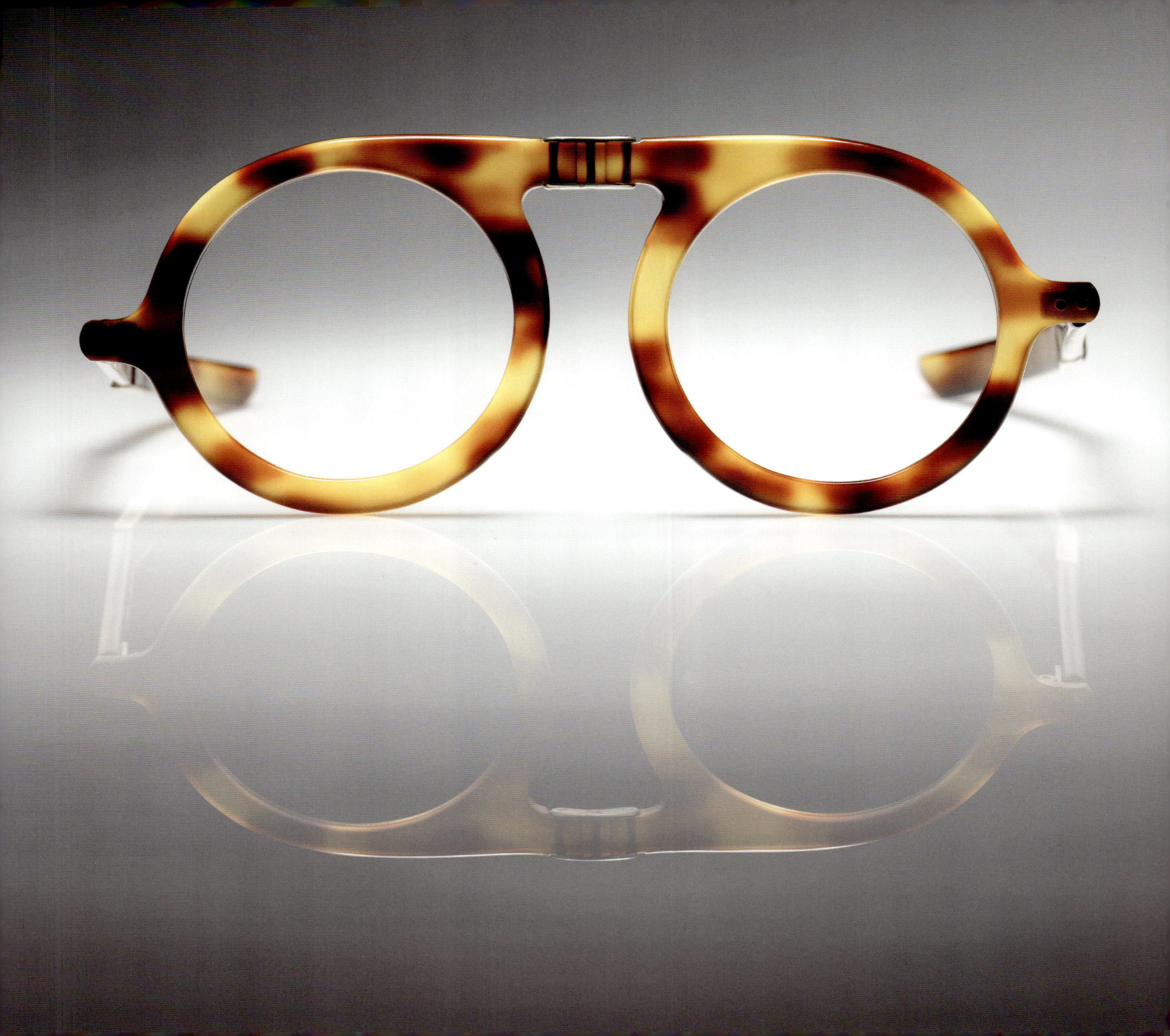

上・前ページ：ピエール・カルダンによる鼈甲風と飴色のフレーム。フランス製。

左・下・次ページ：パロマ・ピカソによる、ディアマンテの飾り鋲がついた鼈甲風の金のフレーム。フランス製。

1980 年代

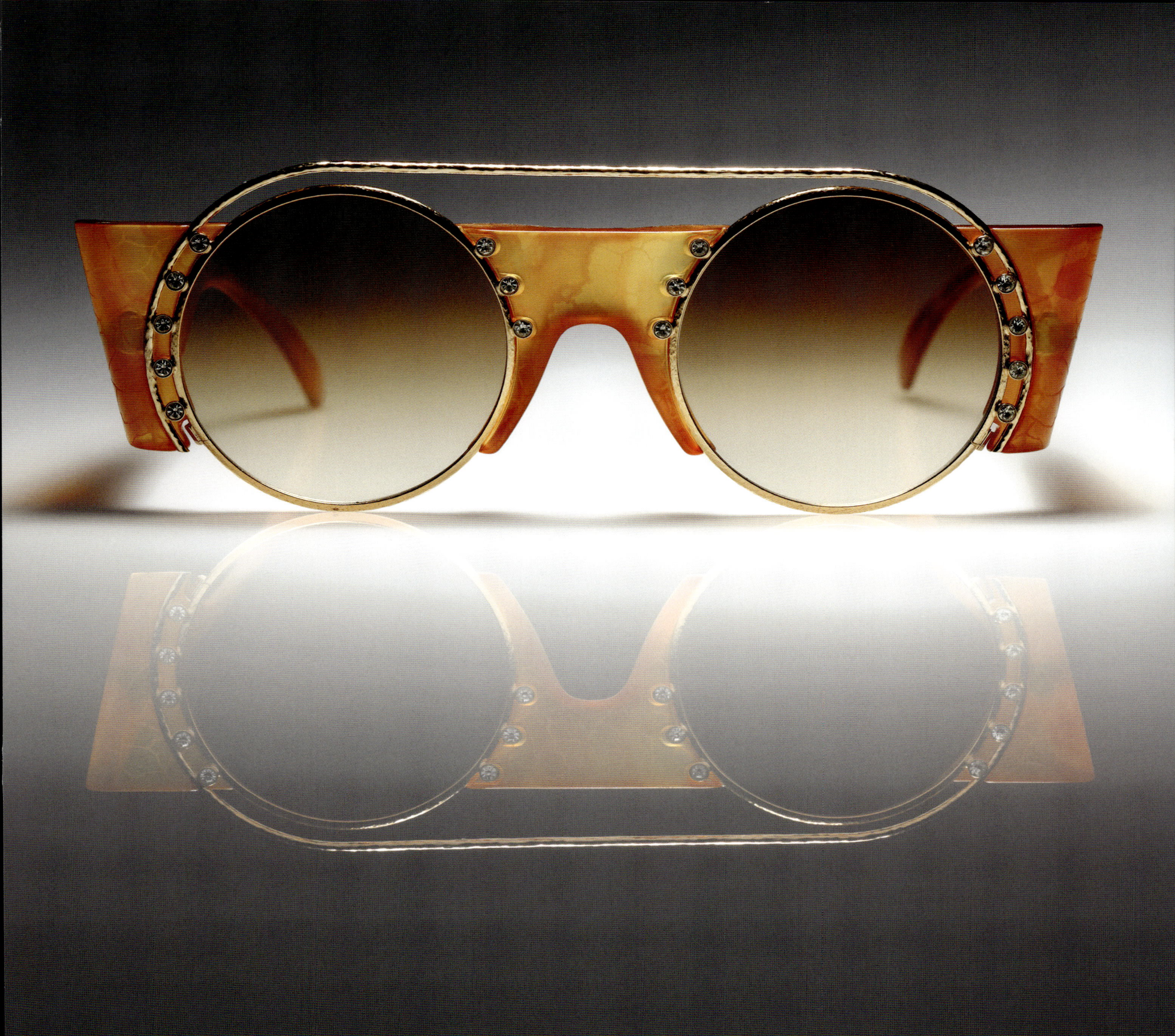

1980 年代

上：紫のヘビ革風の男性用プラスチック製フレーム。
前ページ：レイバンの赤と黒の男性用サングラス。アメリカ製。

上：パロマ・ピカソによる、平打ち仕上げした金のブローラインがついたサングラス。フランス製。
次ページ：金のブロウバーがついたペルソールのサングラス（スタイル 140）。イタリア製。

192ページ：1980年代初めのベージュのサングラス。
193ページ：クリスチャン・ディオールによるサーモンピンク色の軽量フレーム。フランス製。
194ページ〜195ページ：ミシェル・ラミー、アングロ・アメリカン社、クリスチャン・ディオール、オリバー・ゴールドスミス社、レイバン、マイケル・セルコットによるフレームのセレクション。

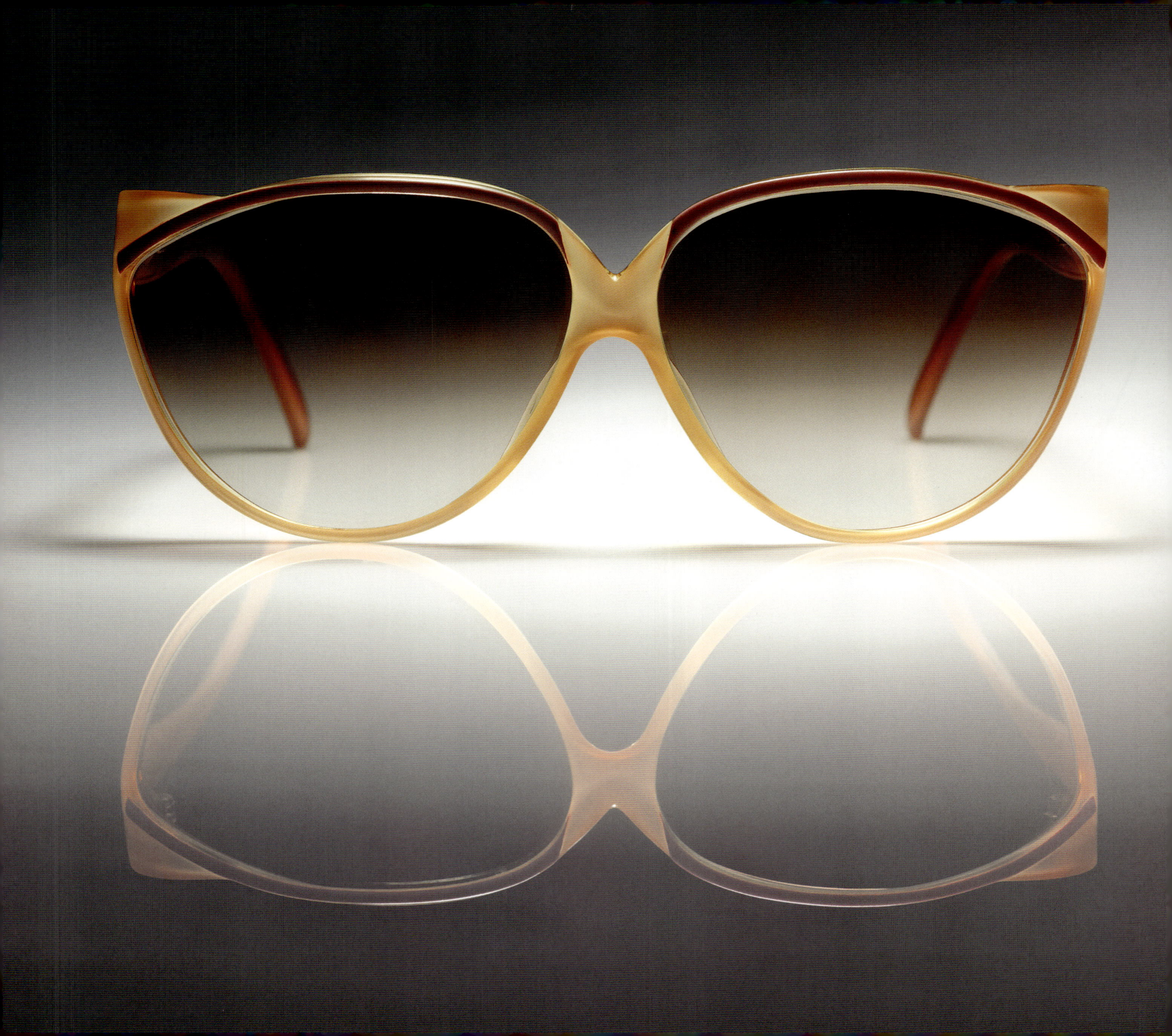

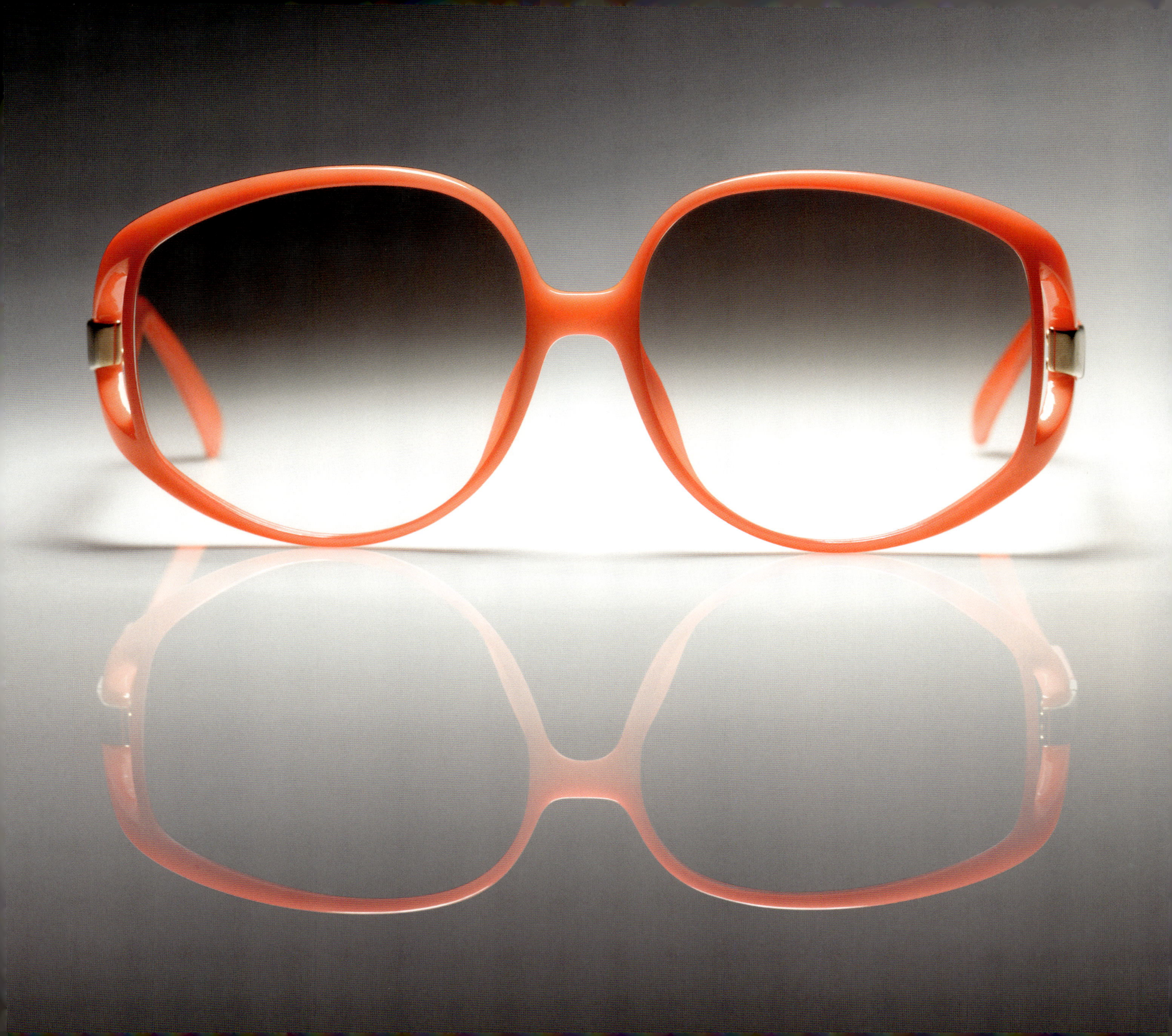

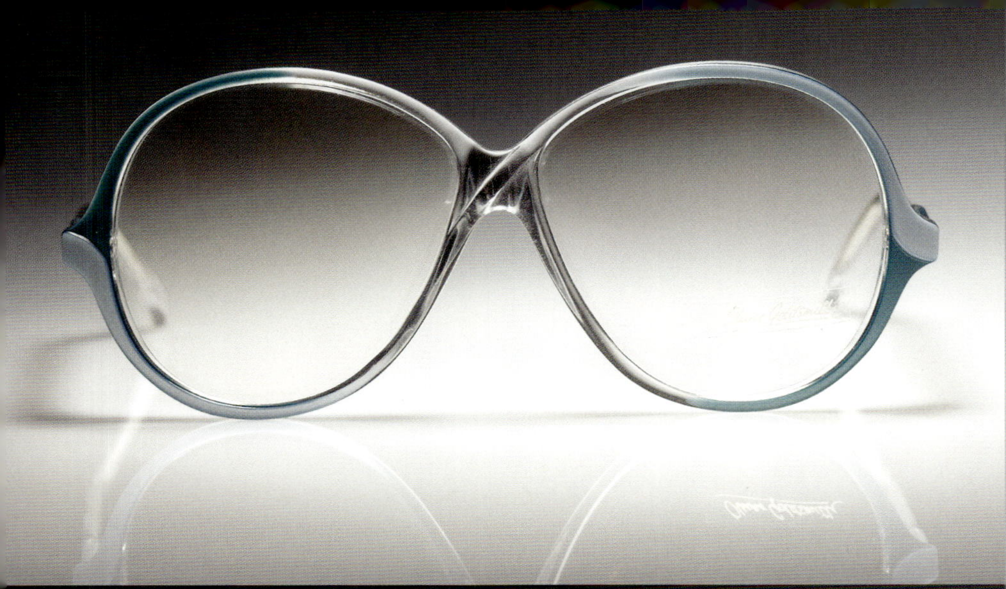
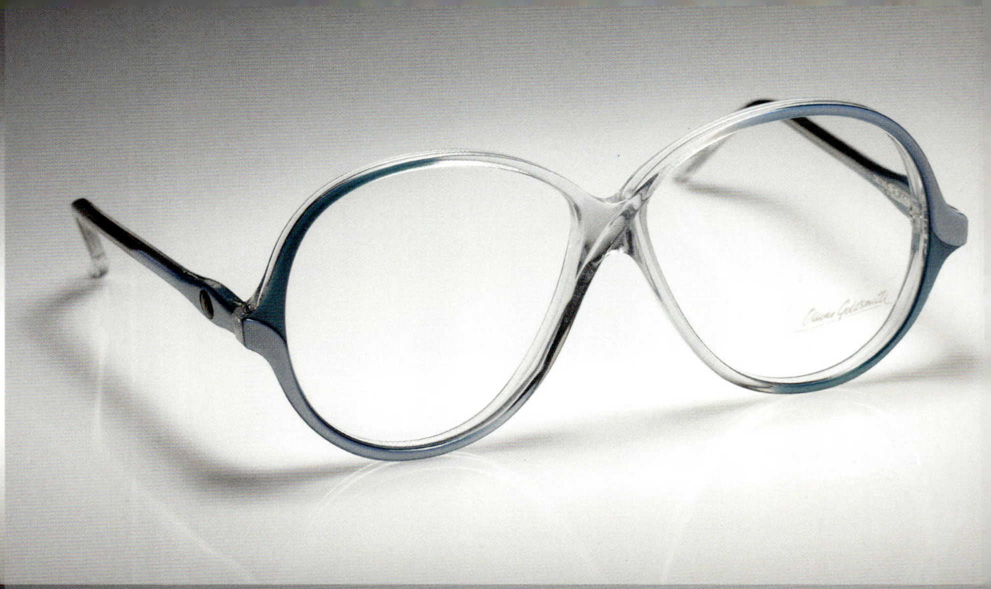
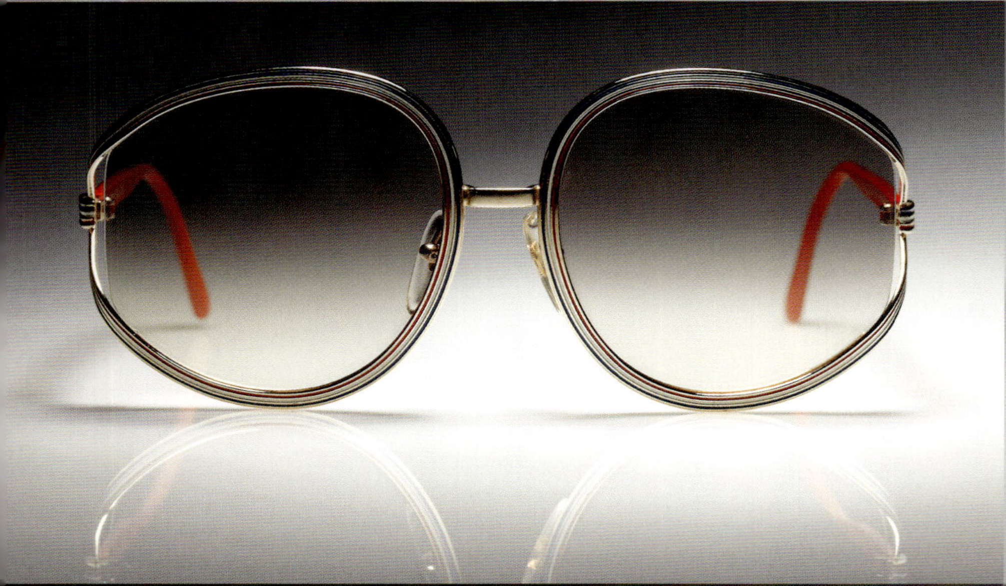
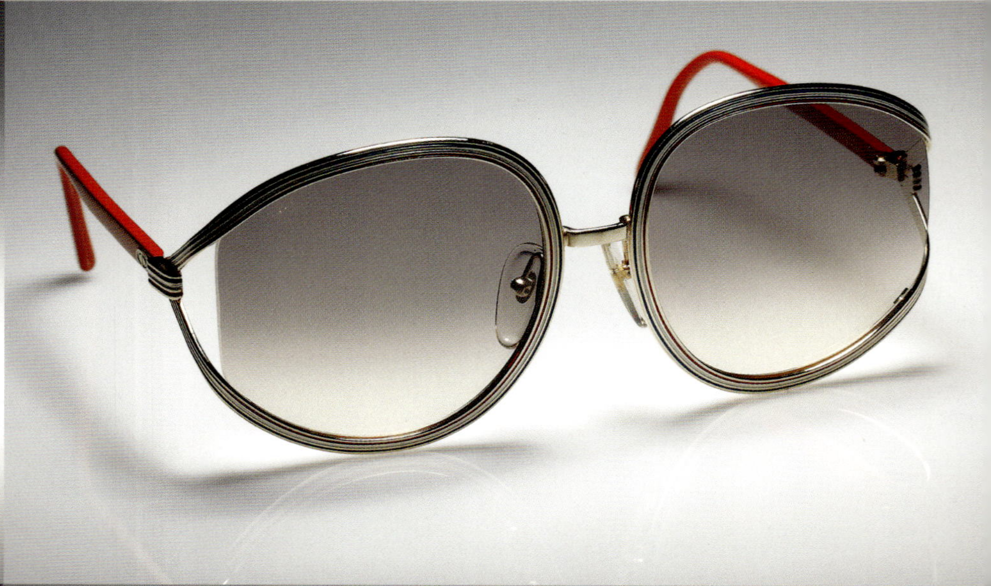
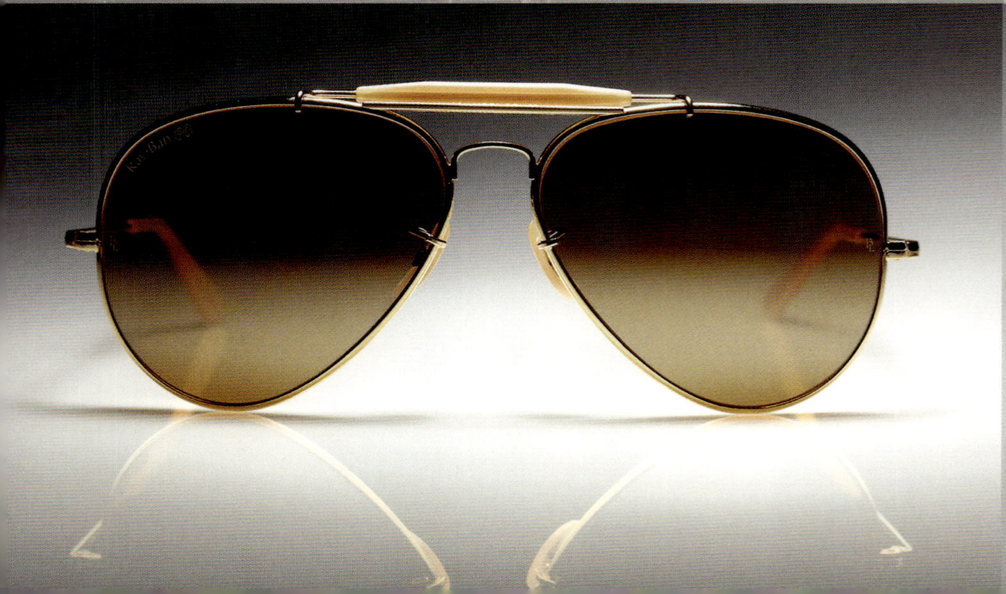
Ray-Ban
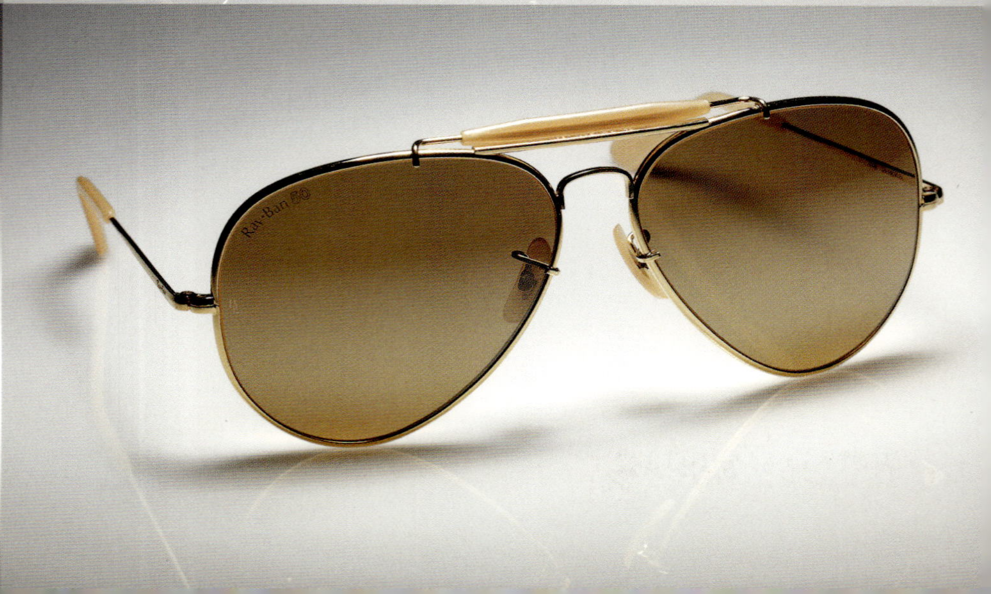
Ray-Ban

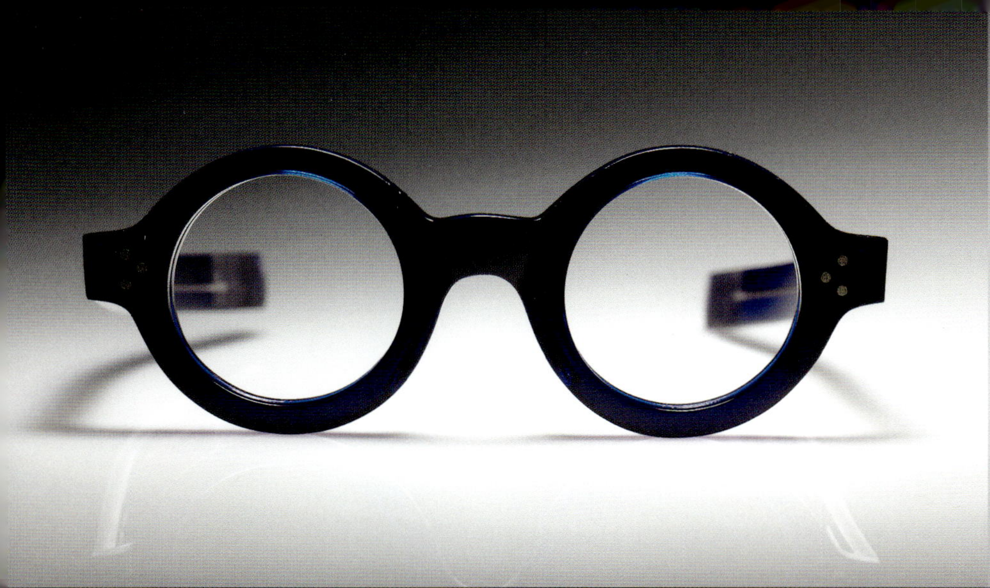
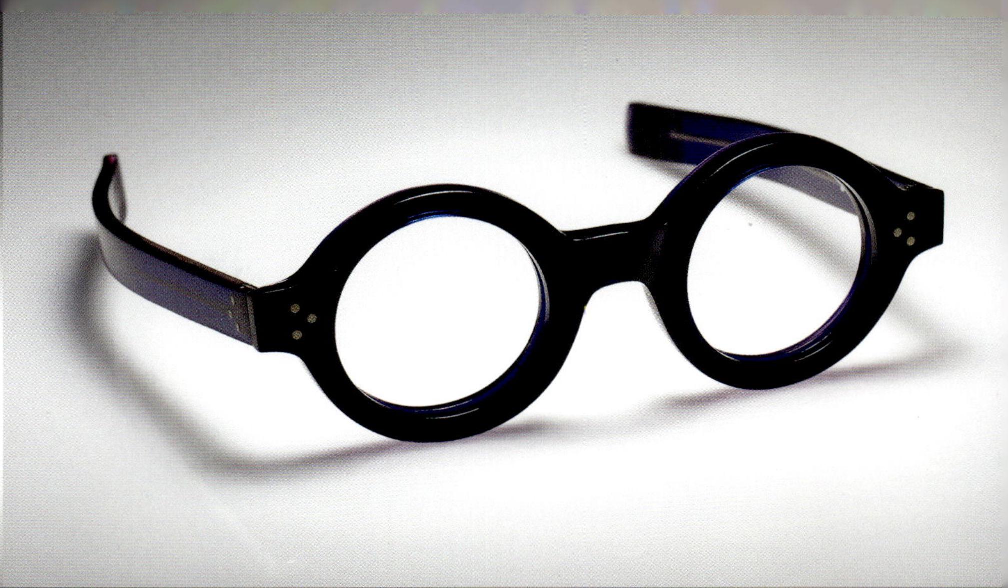
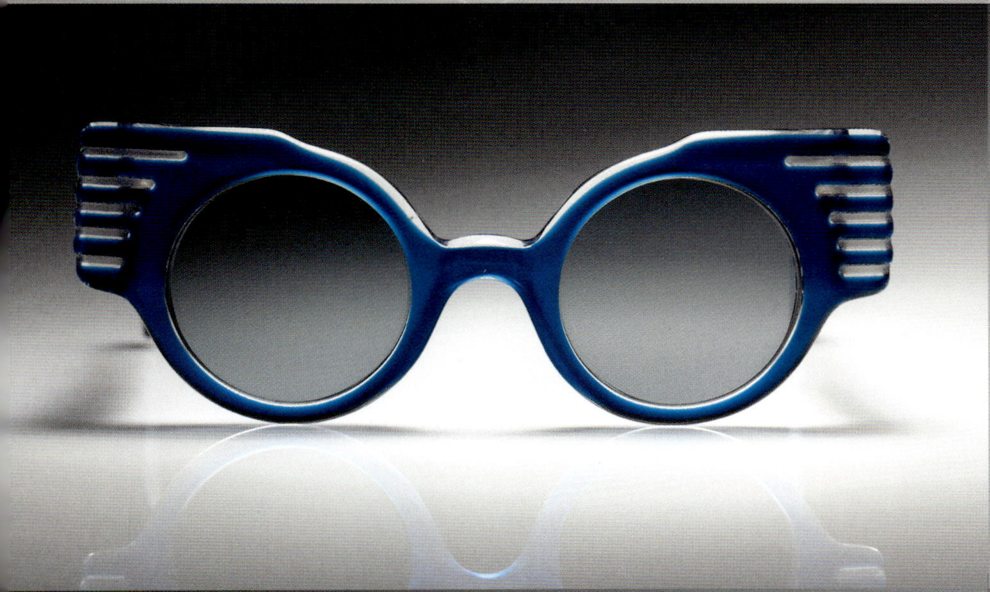
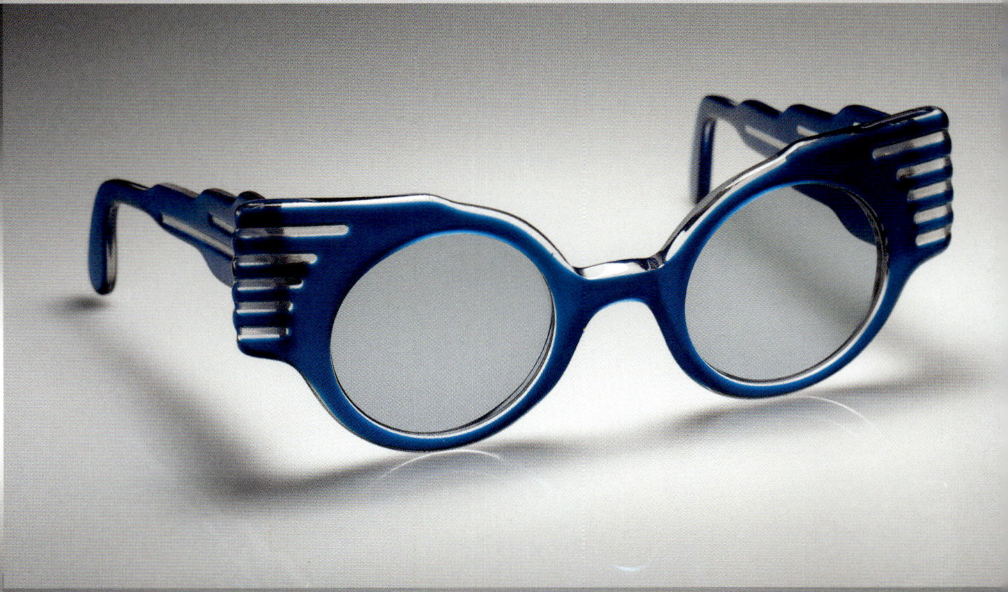
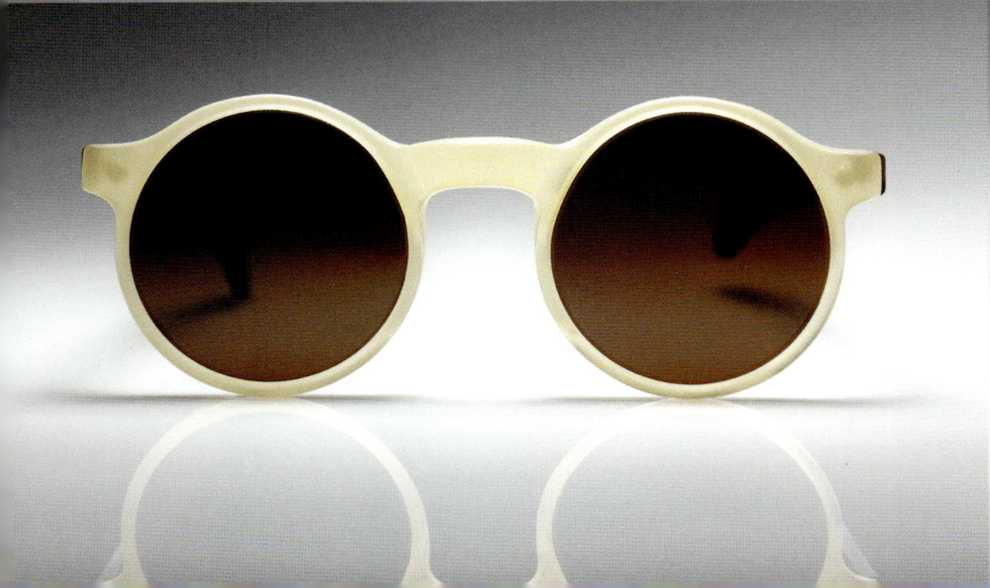
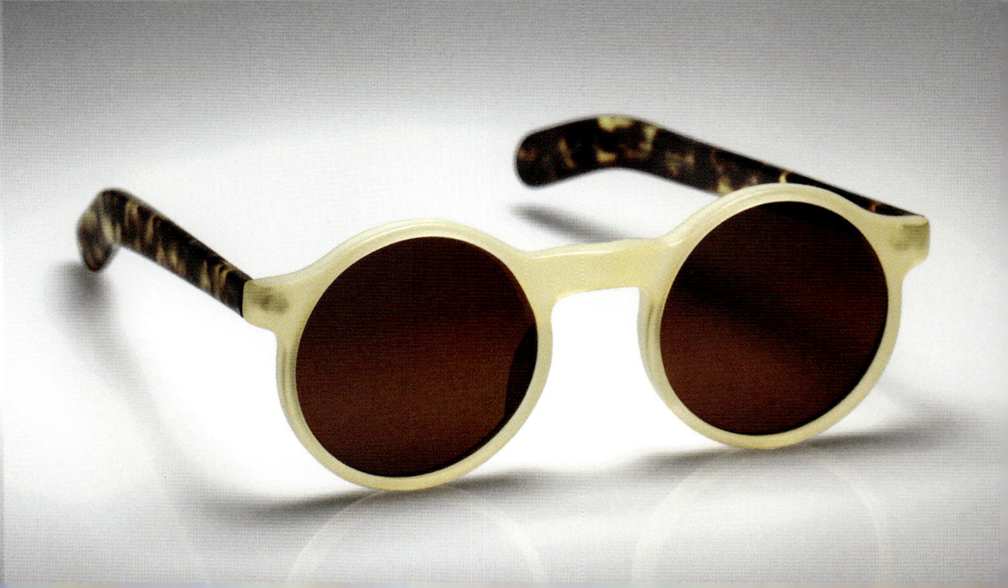

上：イギリス、オリバー・ゴールドスミス社の、鮮やかな色使いの例。
とくに原色を使うのが1980年代のデザインの特徴だった。
次ページ：イギリス、アングロ・アメリカン社の例。

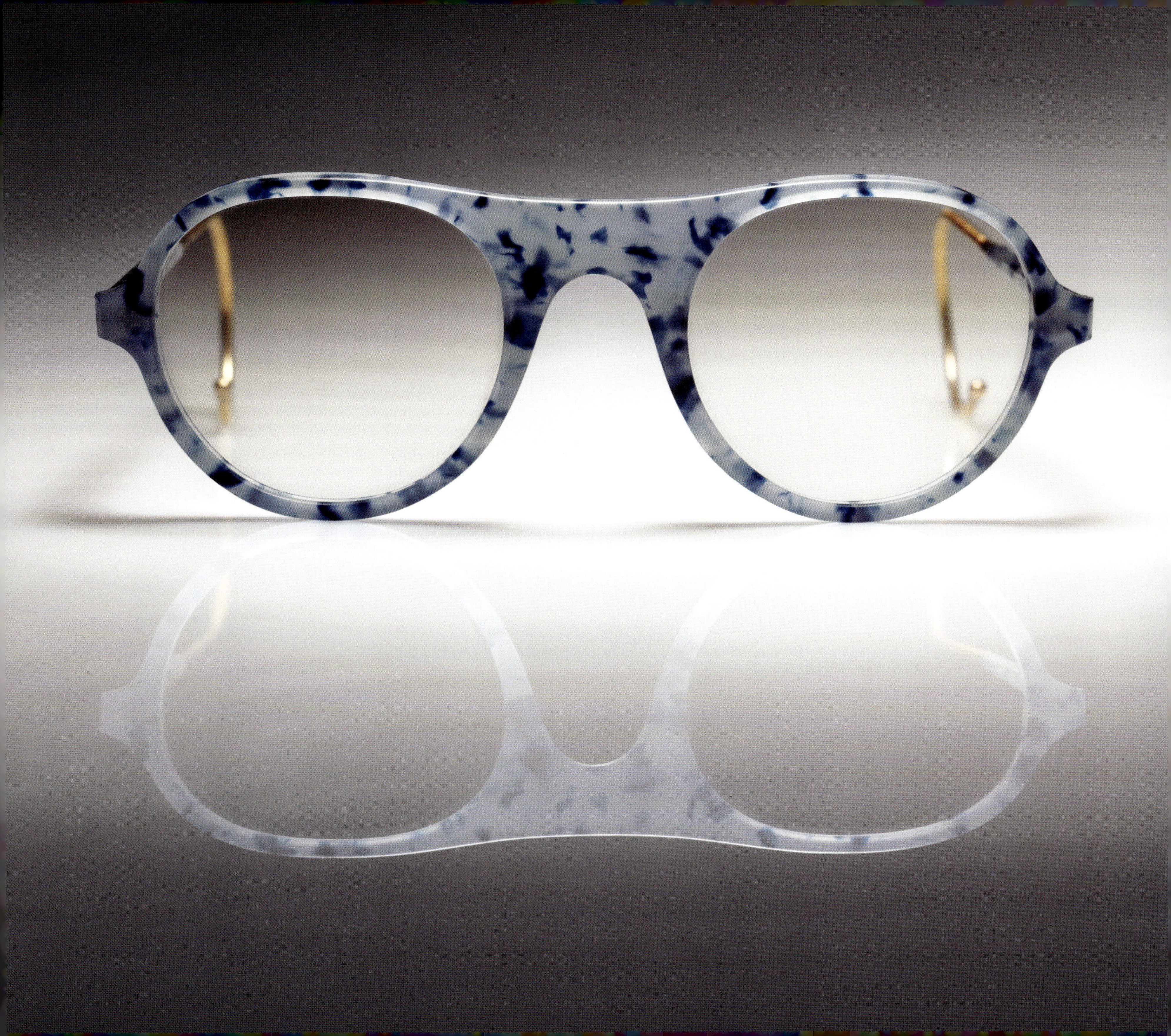

198　1980年代

上・次ページ：アラン・ミクリが手がけたこれらのクロード・モンタナのフレームは、1960年代の
ポップアートや未来的デザインにインスピレーションを得たデザイナー集団メンフィスの影響を反映している。
200ページ：イギリス、アングロ・アメリカン社のローレンス・ジェンキンによるマイアミ・スタッズ。
201ページ：原色と黒のクラシックな1980年代のコンビネーション。

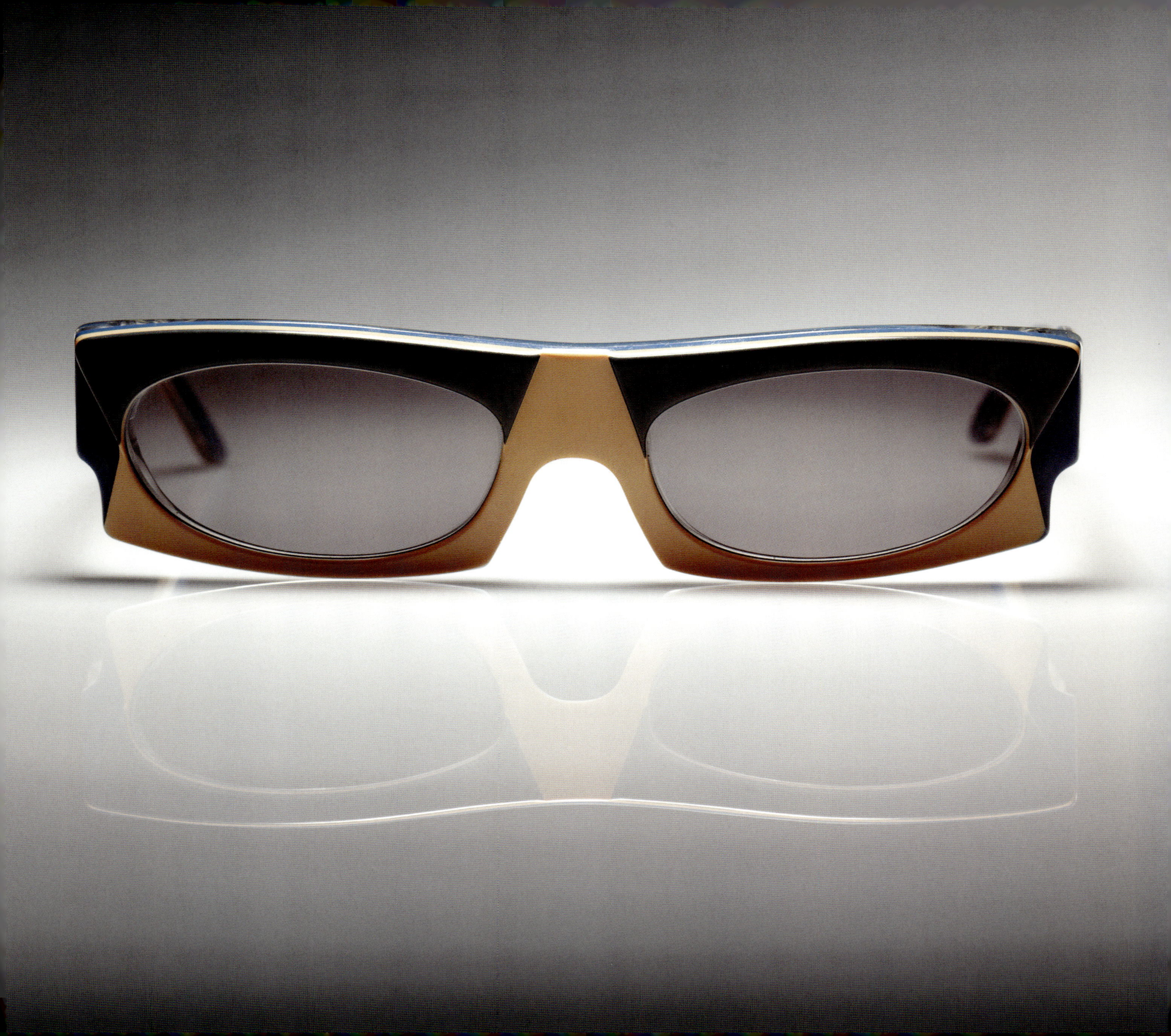

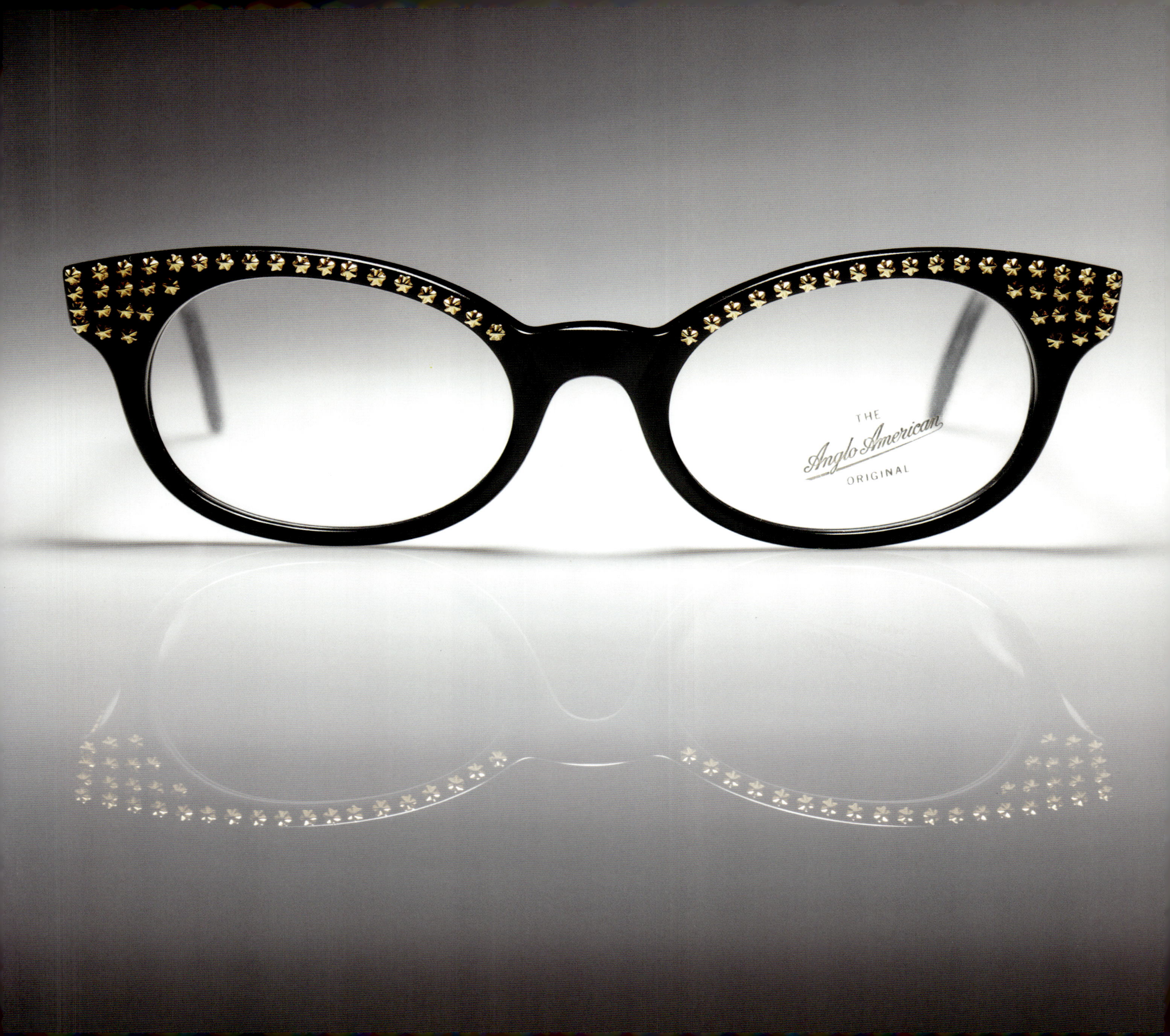
THE
Anglo American
ORIGINAL

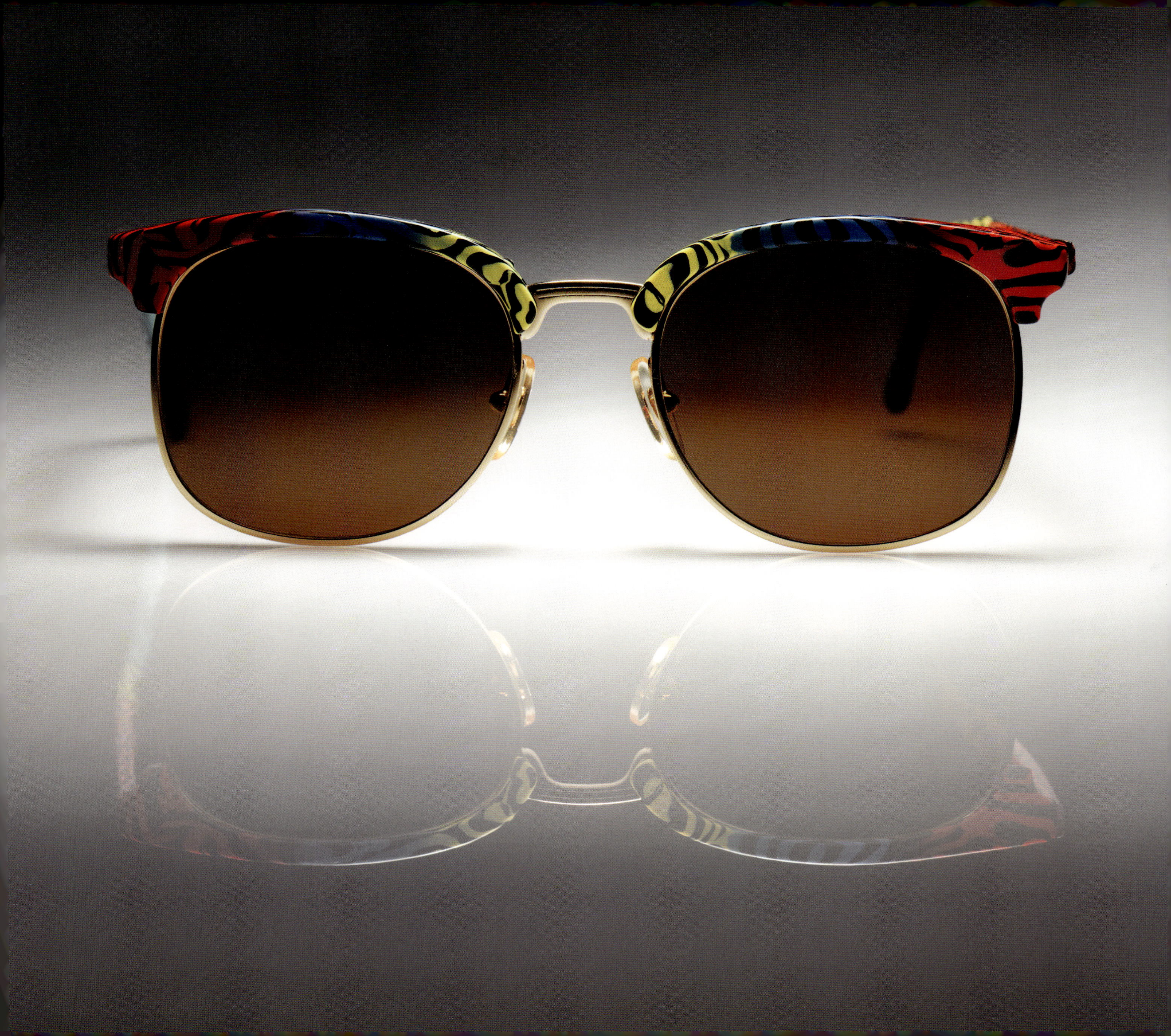

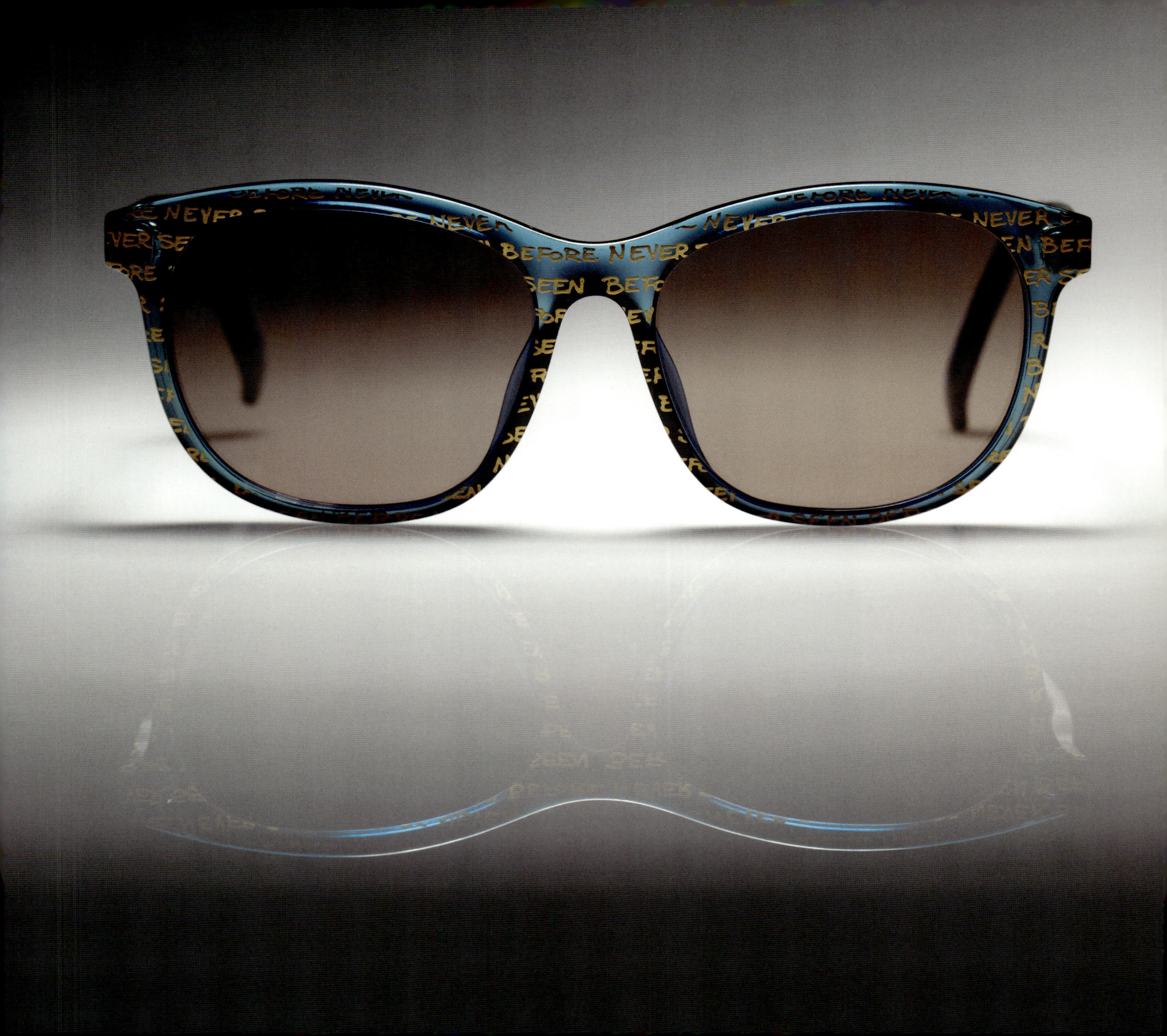
BEFORE NEVER
SEEN BEFORE

1990 年代

近年のビンテージ

1990年代のスタイルは、権力志向の80年代の人工的なデザインに対して起こったカウンターカルチャー・ファッションとトレンドが融合したところから生まれた。90年代以降のデザインがファッション通の人たちから見てビンテージの部類に入るかどうかはさておき、90年代のファッションや音楽におけるきわめて重要な出来事が、のちの時代のアイウェアのスタイル作りに影響を及ぼしたことは間違いない。その重要性は、2011年1月にロンドンの百貨店セルフリッジスが90年代を称えるポップアップ・ストアを開いたときに認知された。いろいろな製品の中でもとくに魅力的だったのは、壁にずらりと並んだ90年代のサングラスで、当時最も人気のあったフレームはどのようなものかを定義づけ、人目を引くデザインというのは、いつの時代に生まれようとも変わらぬ効力を持っているということを証明してみせた。

1990年代のファッションの流れでは、ギャップやナイキ、バーバリーなどの"スーパーブランド"の台頭が見られた。それらのほとんどが、目印となるように、すぐにそれとわかるデザインやロゴをつけて販売された。ブランド名を見せる1980年代のファッションは発展し、1990年代のデザインでは欠くことのできないものになった。世界のファッションのトップブランドが自分たちのブランド名をライセンス供与したので、ロゴやモノグラムがフレームの角やツルに表示され、消費者はブランドのイメージを手に入れることができるようになった。こうした最新の細部装飾を施すために、ツルは以前より幅広くなった。

イギリスではガールパワー——スパイス・ガールズのような女性ばかりのポップグループの台頭によって生まれた言葉——も、ファッション界に足跡を残した。スパイス・ガールズやブリットポップのアイコンたちは、ユニオンジャックを再びファッションメッセージとして使った。それに最も影響されたのは、彼女たちの絶大な支持層である若い女性たちだったとはいえ、女性の個性というものが1990年代のきわめて重要な特徴となった。時代を先取りするブランドの一つであるペルソールは、2つの女性用モデルを誕生させて、女性用も自分たちの得意範囲であることを強調した。最初の830モデルは、映画『フラッシュ・ゴードン』（1980年）のスターでイタリアの女優のオルネラ・ムーティのために1990年代の初めに作られた。このモデルは1993年に853モデルに受け継がれたが、フレームはもともと1970年代にデザインされたものだった。853モデルはのちに、アメリカのスーパーモデルで女優のキャロル・アルトに捧げられたことにちなんで、キャロルとして知られるようになった。

スーパーストア、スーパーブランド、スーパーモデル。1990年代は、行きすぎた1980年代のあとで、洗練された上品さと控えめな格好よさが称賛された。この傾向を要約したようなレーベルを持つアメリカのデザイナー、カルバン・クラインは、1992年に自身のアイウェアのラインを始めた。4半世紀ぶりにサングラスをかけたジェームズ・ボンドのためにデザインをしたのも彼で、ジェームズ・ボンドは『ワールド・イズ・ノット・イナフ』（1999年）の中で2007モデルをスキー場でかけていた。ペルソールはプロダクトプレイスメントをうまく利用して、最近のボンド映画でそのブランドを売り込んでいる。『ダイ・アナザー・デイ』（2002年）と『カジノ・ロワイヤル』（2006年）では、2種類の違ったモデルが使われた（2244モデルと2720モデル）。そして『慰めの報酬』（2008年）では、ダニエル・クレイグもトム・フォードのモデルをかけている。

1980年代も終わりを告げるころにイタリアのブランドのプラダによって取り入れられた、先端技術を駆使したミニマリズムのスタイリングは、90年代においても引き続きアイウェアデザインの主力となった。メガネ

上：『ラジオタイムズ』誌、1998年4月。ローレンス・ジェンキンによるユニオンジャックのメガネ。
次ページ：映画『ブレイブ』のセットにいる、ランドルフエンジニアリング社によるデザインのサングラスをかけたジョニー・デップ。
202ページ：金文字がプリントされたパロマ・ピカソのサングラス。フランス製。

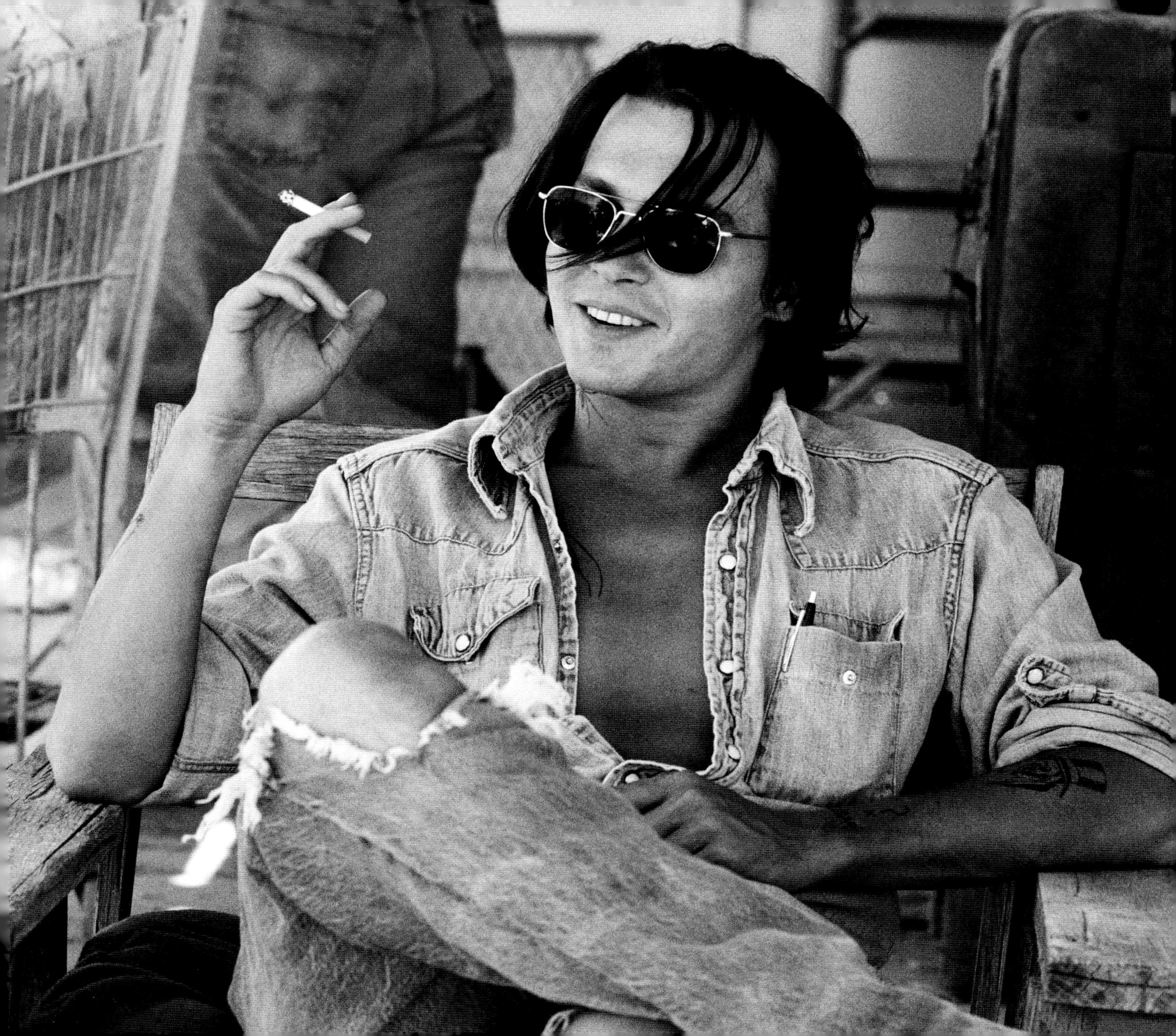

は、縁なしで軽量という建築的デザインと、目立たない金属やチタンが使用されているのが特徴だった。その結果、斬新で目立ちすぎない現代風のスタイルができあがった。1995年のジョルジオ・アルマーニのカヴールモデルがそのよい例である。そのデザインは皮肉にも、19世紀のイタリアの政治家で、イタリア統一の功績を称賛されるカヴール伯爵がかけていたメガネにインスピレーションを受けたものだった。

1990年代のスクリーン上のヒーローたちは、荒くれた不良少年のイメージを脱ぎ捨てて、もっと繊細な役作りをするようになった。メガネは、役に深みと魅力を与えるためのスクリーン上のファッションアクセサリーとなった。『わらの犬』（1971年）のような昔の映画では、メガネはこれとはまったく違った使い方をされていて、この映画では、メガネがダスティン・ホフマン扮するアカデミックでシャイな主役のシンボルとなっていた。ホフマンは、割れたメガネ姿でこの映画のポスターに写っている。

ファッション界ではヘロインシック――不健康そうな青白い肌に、痩せて突き出た骨、目のまわりにはクマができたようなメイクをして、昼も夜も黒いメガネをかけているというスタイル――が当たったことで、スーパーモデルたちは健康的な輝きを失った。常にビンテージとオートクチュールを組み合わせているケイト・モスは、ウェイファーラーや1970年代の大きなサングラスのスタイルを支持した。ウェイファーラーは1990年代を通して名品であり続け、クエンティン・タランティーノの映画デビュー作『レザボア・ドッグス』（1992年）で、存在感を示した。そのクレジットタイトルには、一様に黒のスーツをまとい、レイバンのウェイファーラーやクラブマスター、ミスター・ブラウン役のタランティーノ自身もかけていたプレデターと呼ばれるモデル（これもレイバン）をかけた主役の男たちが映し出された。タランティーノは2008年にレイバン・ビジョナリー賞を受賞した際、観衆に言った。「脚本を書くときに、小道具はこういうものをと言葉で説明せずにブランド名を使ったのは、今までジッポのライターとレイバンだけだ」。

もう一つの名品といえば、1960年代と1970年代のロックスターに人気を博したティーシェードのサングラスだが、1990年代の映画ではまったく違ったイメージを付与された。ティーシェードにはさまざまな色のレンズがつけられ、そのスタイルは、未来的ファッションや猟奇的で危険な役柄を描くのに使われた。映画『レオン』（1994年）の宣伝用ポスターは、無色のフレームに黒いレンズがついたジャン・ポール・ゴルチェによるデザインのサングラスをかけた威嚇的なジャン・レノを、作品名の由来であるプロの殺し屋として描いている。また、同年に封切られた映画『ナチュラル・ボーン・キラーズ』では、ウディ・ハレルソン演じる情緒不安定なミッキー・ノックスは、赤いレンズがついたティーシェード姿で描かれている。90年代は、SFスリラーの『マトリックス』（1999年）で終わりを迎える。この映画では登場人物たちがさまざまなサングラスをかけているが、中でもティーシェードは動的で未来的な彼らの姿を描くのに貢献した。ティーシェードが1990年代のファッションメッセージにならなかったという事実は、おそらく、映画がファッションに対していかに大きな影響力を持っているかということを表しているのだろう。

1990年代には、メガネは何度となくファッショントレンドとして欠かせないものとなっている。1950年代に初めて人気が出て、その後何十年も生き残り続けている定番のアメリカンプレッピーやカレッジファッションは、映画『ある愛の詩』（1970年）のアリ・マッグローがよい例であるが、90年代初めに復活を遂げた。90年代なかばまでには、"オタク系"と言われる回顧的なファッションを完成させるのに、分厚くて黒い角のあるフレームは欠かせないものになった。わざと実物よりよく見せないフレームは、しかるべき髪型に、よれよれの服を着ると、驚くほどよく似合った。イギリスでこのトレンドの代表者といえば、パルプのリーダーであるジャーヴィス・コッカーで、彼のトレードマークの太いフレームは、ライブの際には太いゴムバンドで固定してあった。このファッションメッセージは視力に問題のない消費者にまで広がり、近年では復活を享受するのがトレンドのようになっている。

新世紀が近づくにつれて、フレームには無限とも思える多様な選択肢が生まれ、考えうるスタイルはすでにデザインしつくされたように見えた。この視力補助から変化したファッションアクセサリーを使って、あらゆる角度や線を探究したデザイナーたちは、再び過去に目を向け始めた。過去に成功を収めたデザインのシリーズをブランドが技術と素材を駆使して新しくしたことで、ビンテージという言葉が21世紀のはやり文句になった。

次ページ：ポリッシュドクロームと金のフレームの、アストン・マーチン社製の男性用サングラス。イギリス製。1990年代なかば。

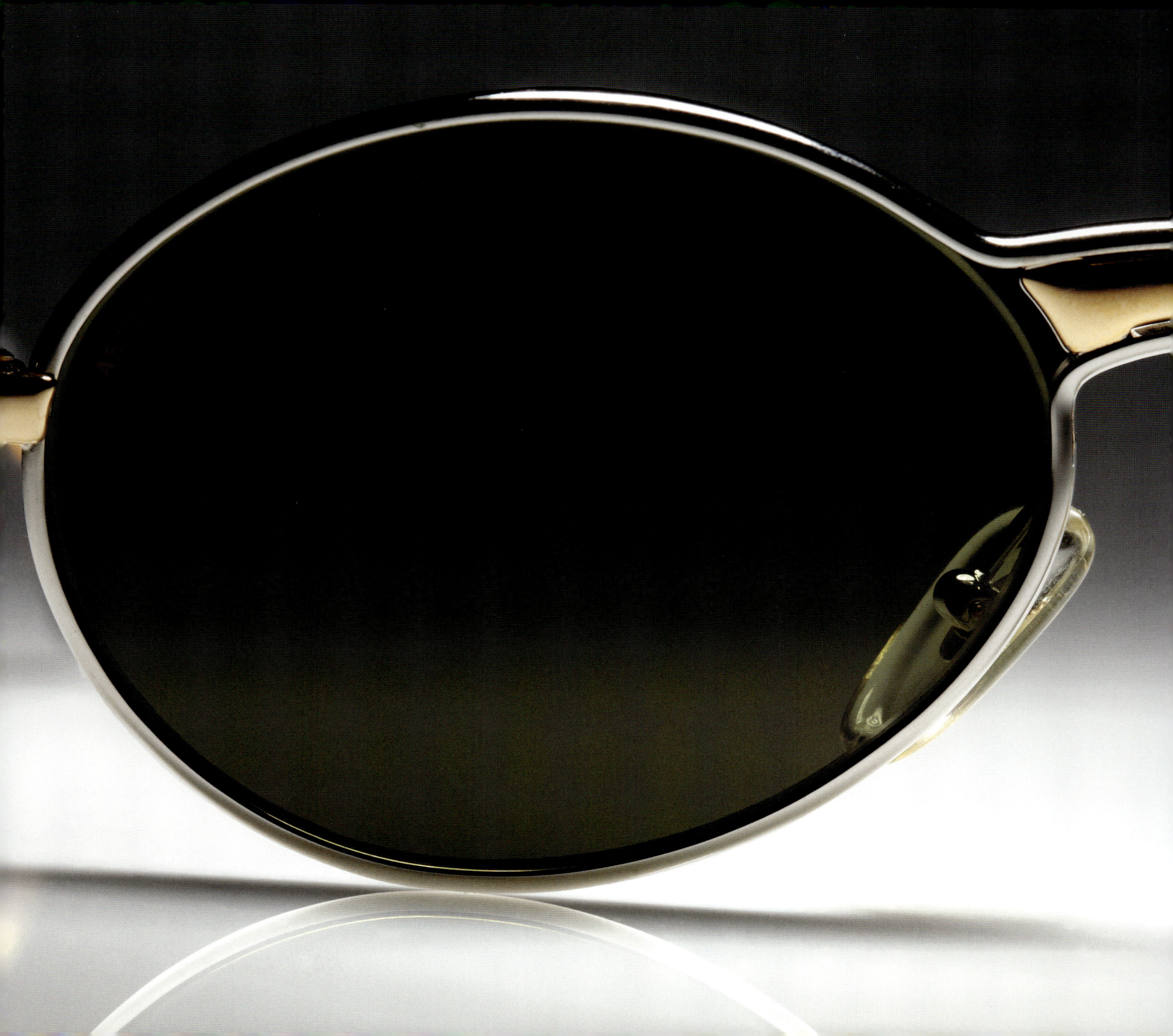

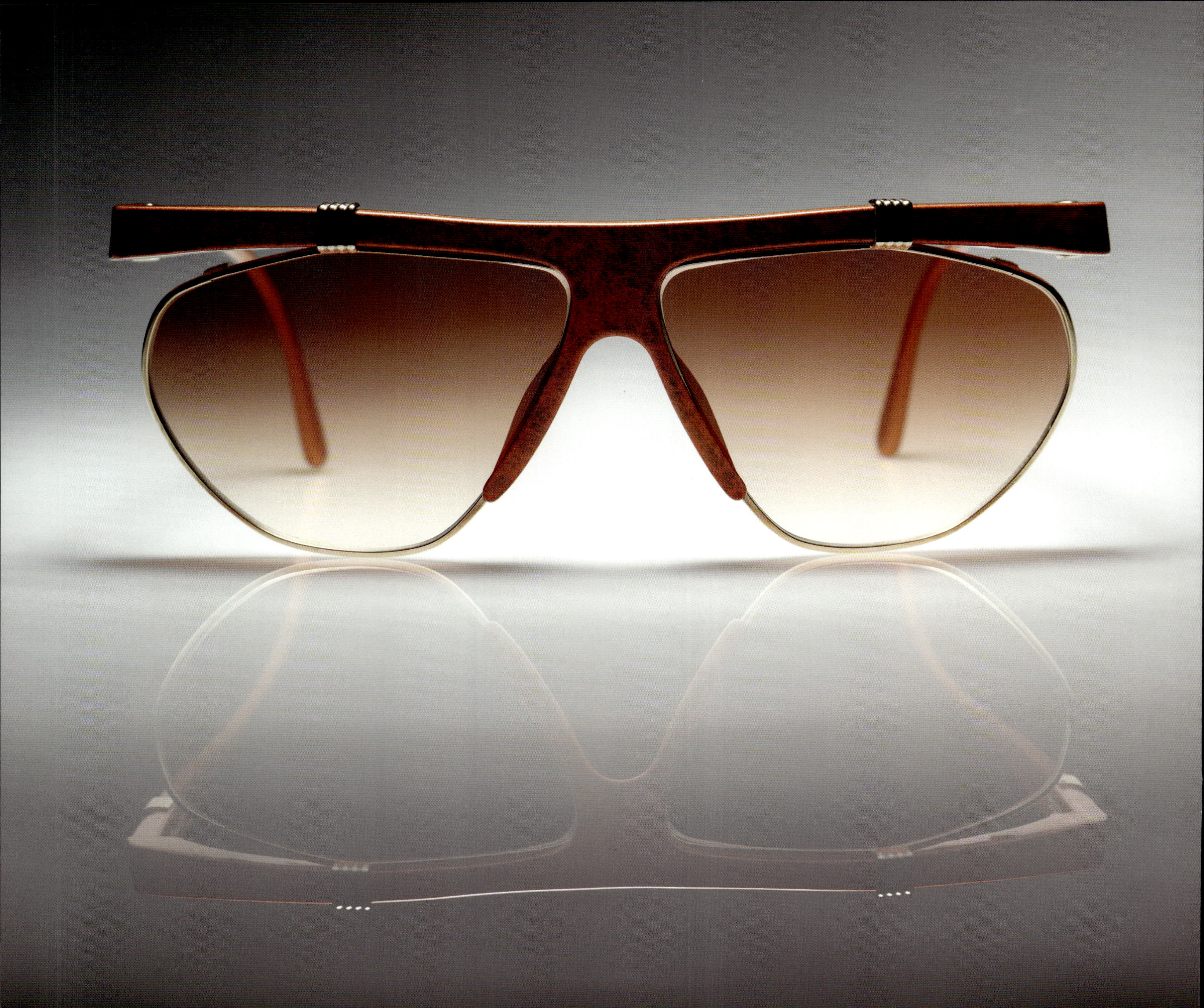

上：緑色の貴石がはめ込まれた、パロマ・ピカソによるヴィエナ・ライン社製のサングラス。
前ページ：クリスチャン・ディオールによる青銅色のメタリック仕上げのサングラス。フランス製。

上：クリスチャン・ディオールによる、ディアマンテの飾り鋲がついたグリッター（ラメ入り）グリーンの女性用フレーム。フランス製。
次ページ：パロマ・ピカソによる、ジグザグ模様の細部装飾を施した赤と金色のユニセックスのサングラス。フランス製。

212ページ〜213ページ：クリスチャン・ラクロワ、オンスペック・オンティック社、
アングロ・アメリカン社、デイブ・コックス（オンスペック・オンティック社のためにデザイン）、
ジャン・ポール・ゴルチェによるフレームのセレクション。

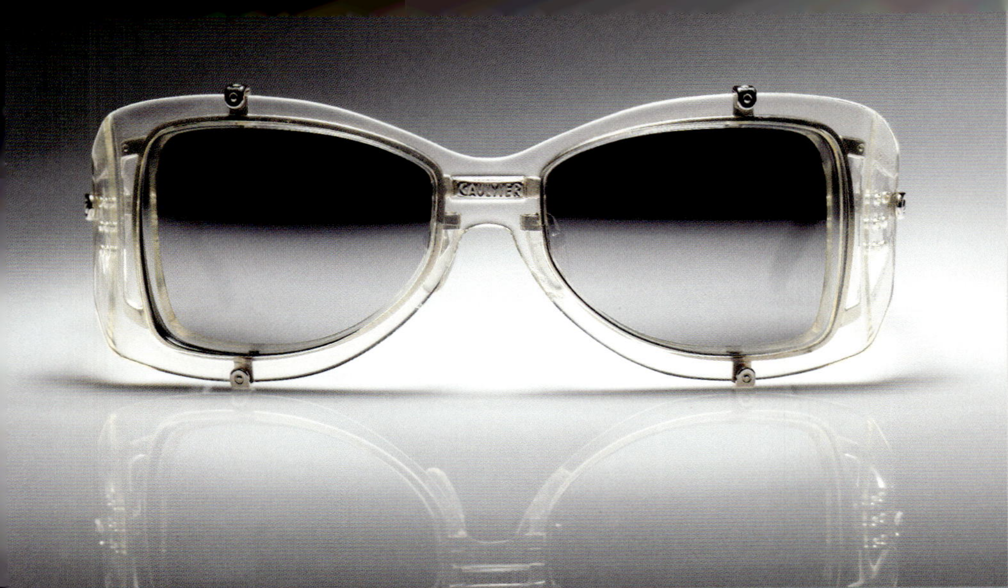
GAULTIER
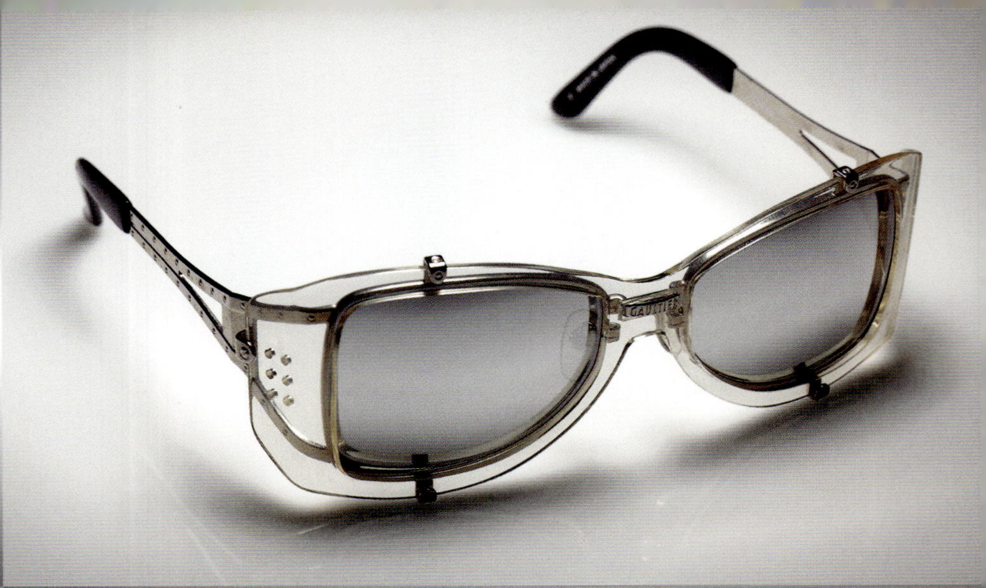
GAULTIER
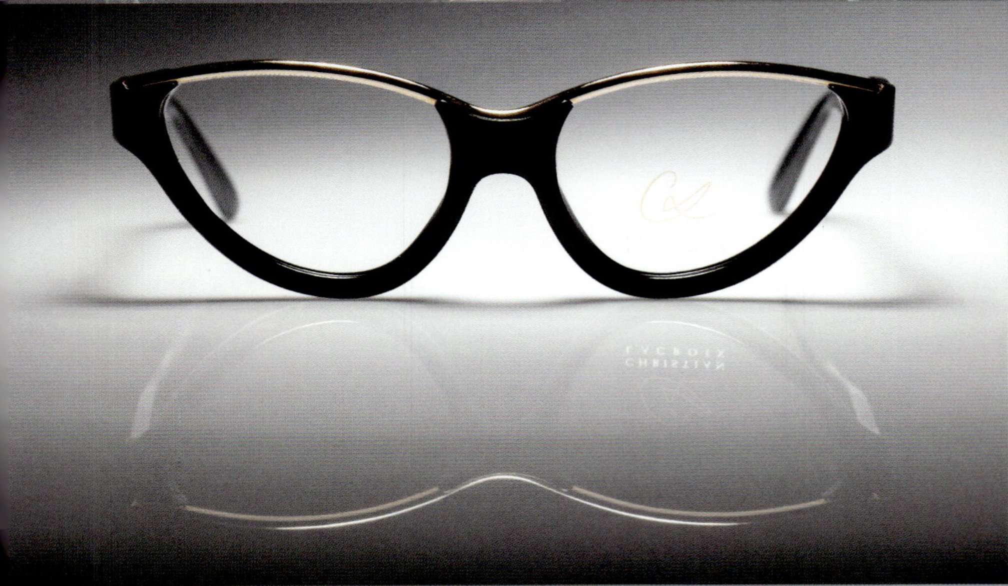
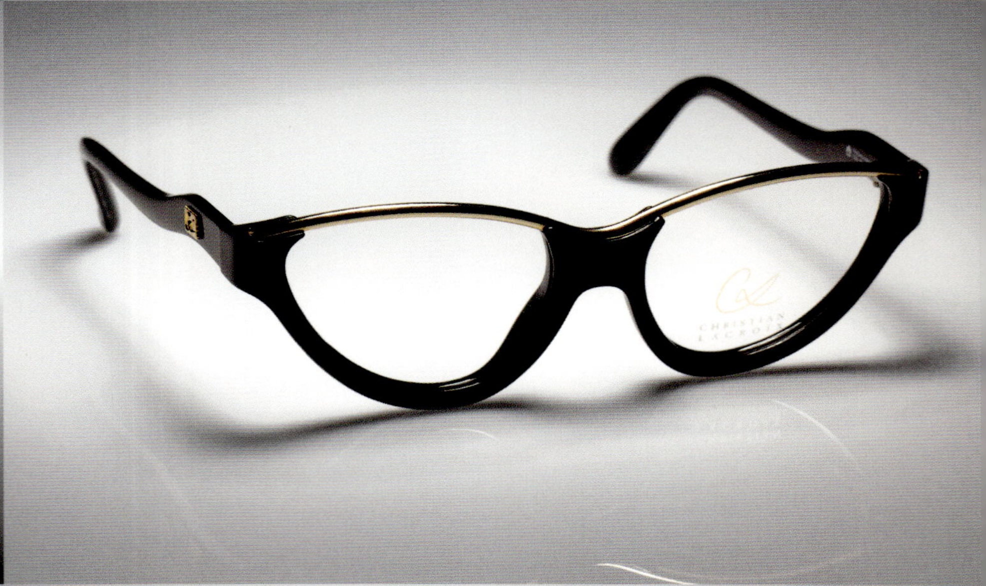
CHRISTIAN
LACROIX
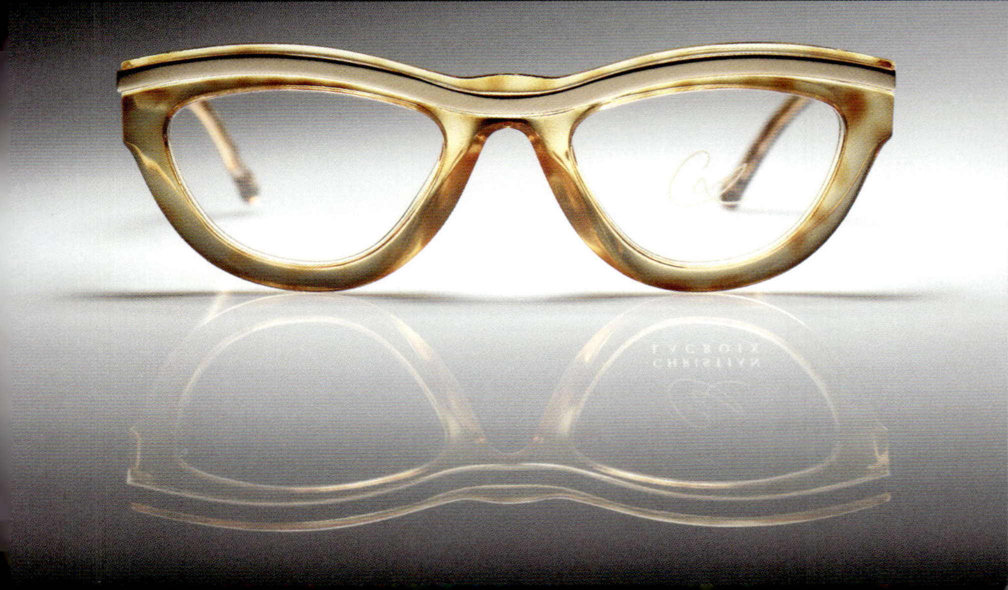
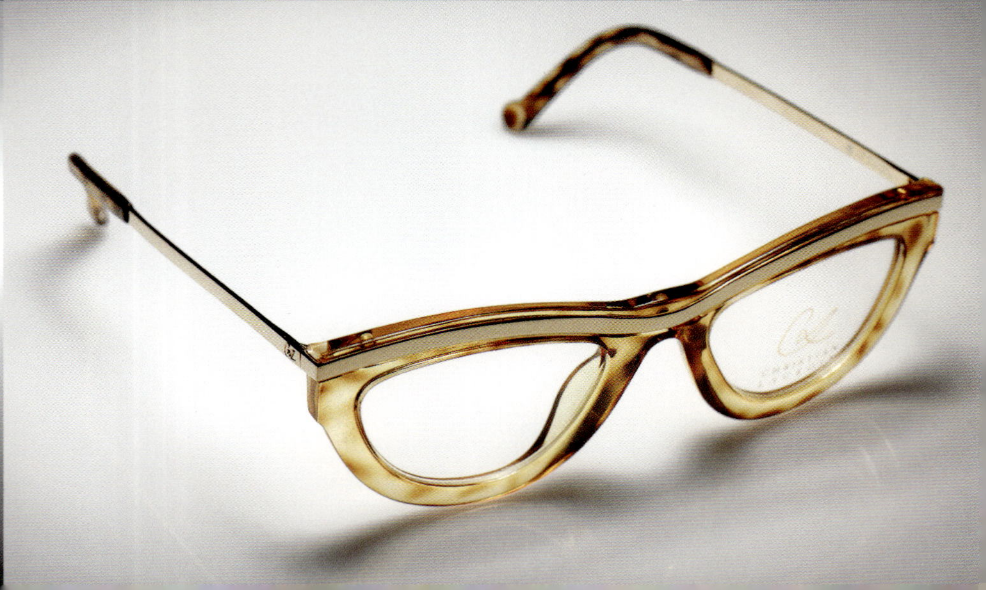

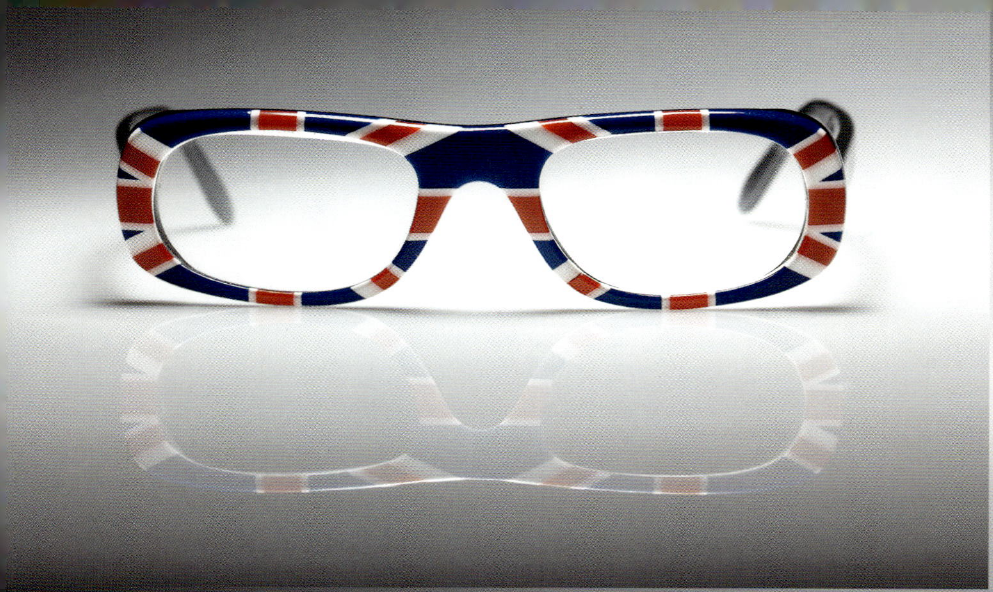
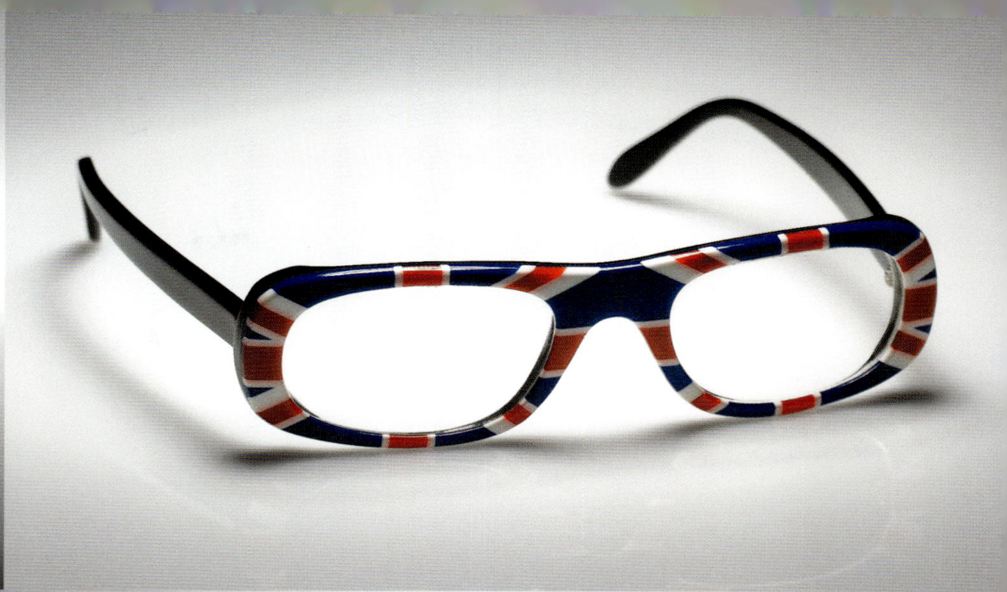
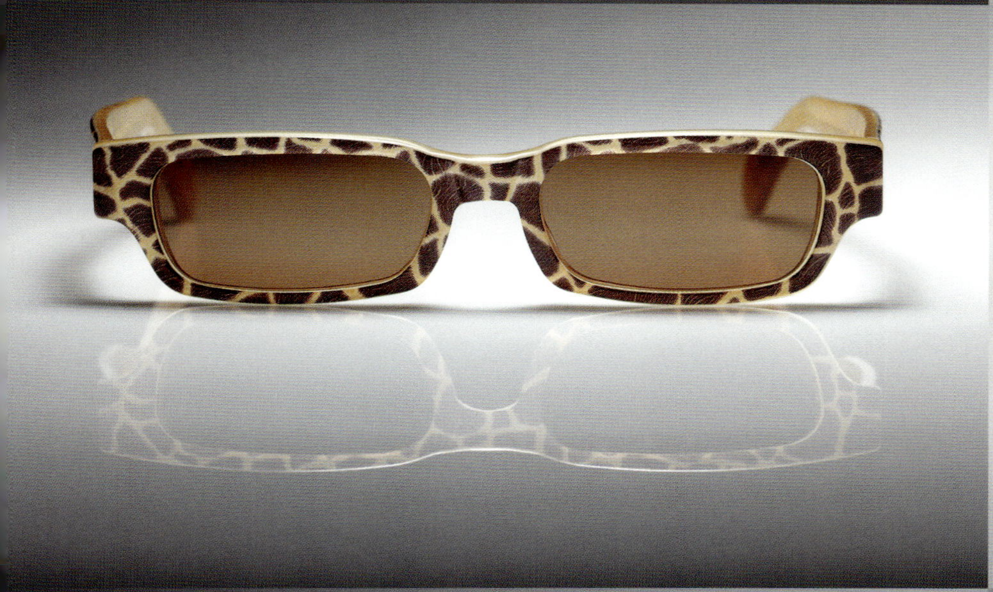
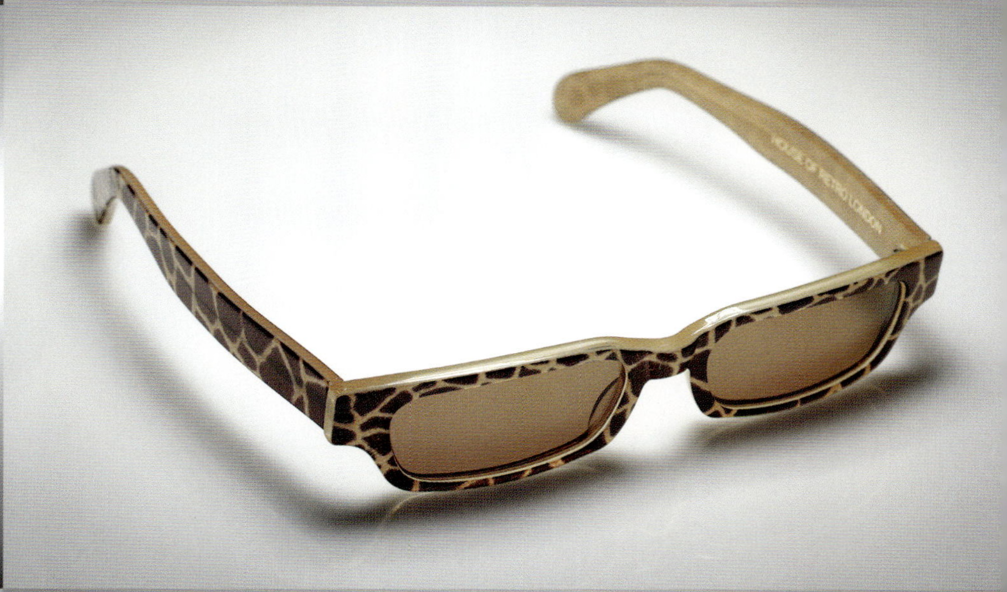
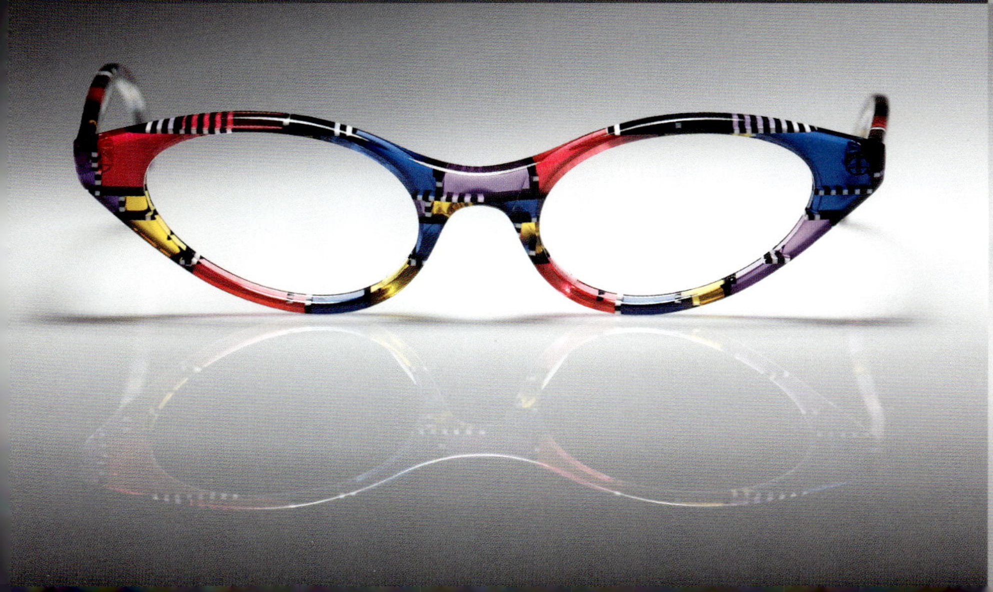
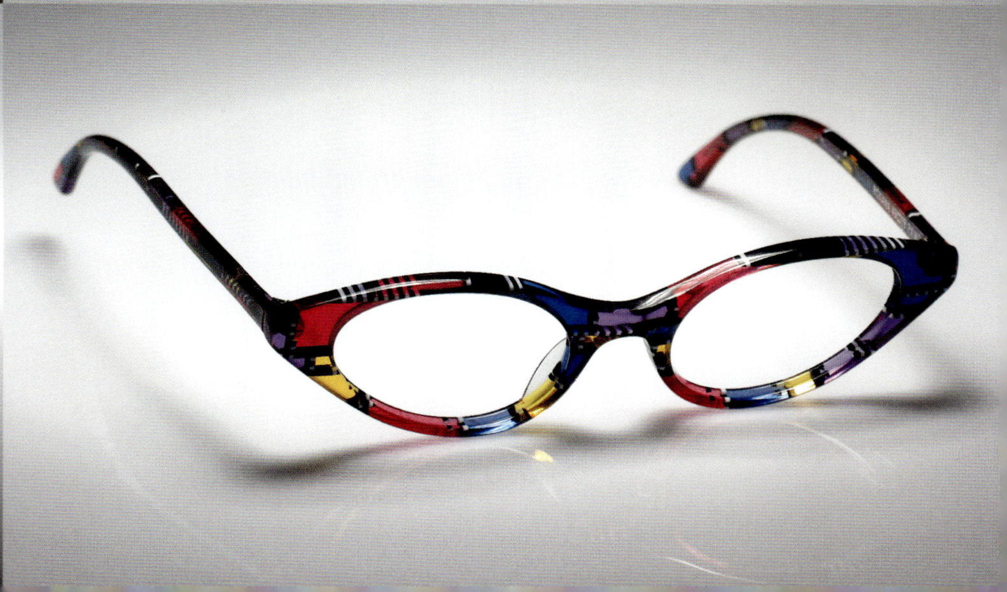

上：アラン・ミクリによる、矢をモチーフにしたディアマンテがついた、非対称のピューター製サングラス。フランス製。
次ページ：アップリケされた真珠と、つや消しの蝶結びを取り入れた、凝ったデザイン。アメリカ製。

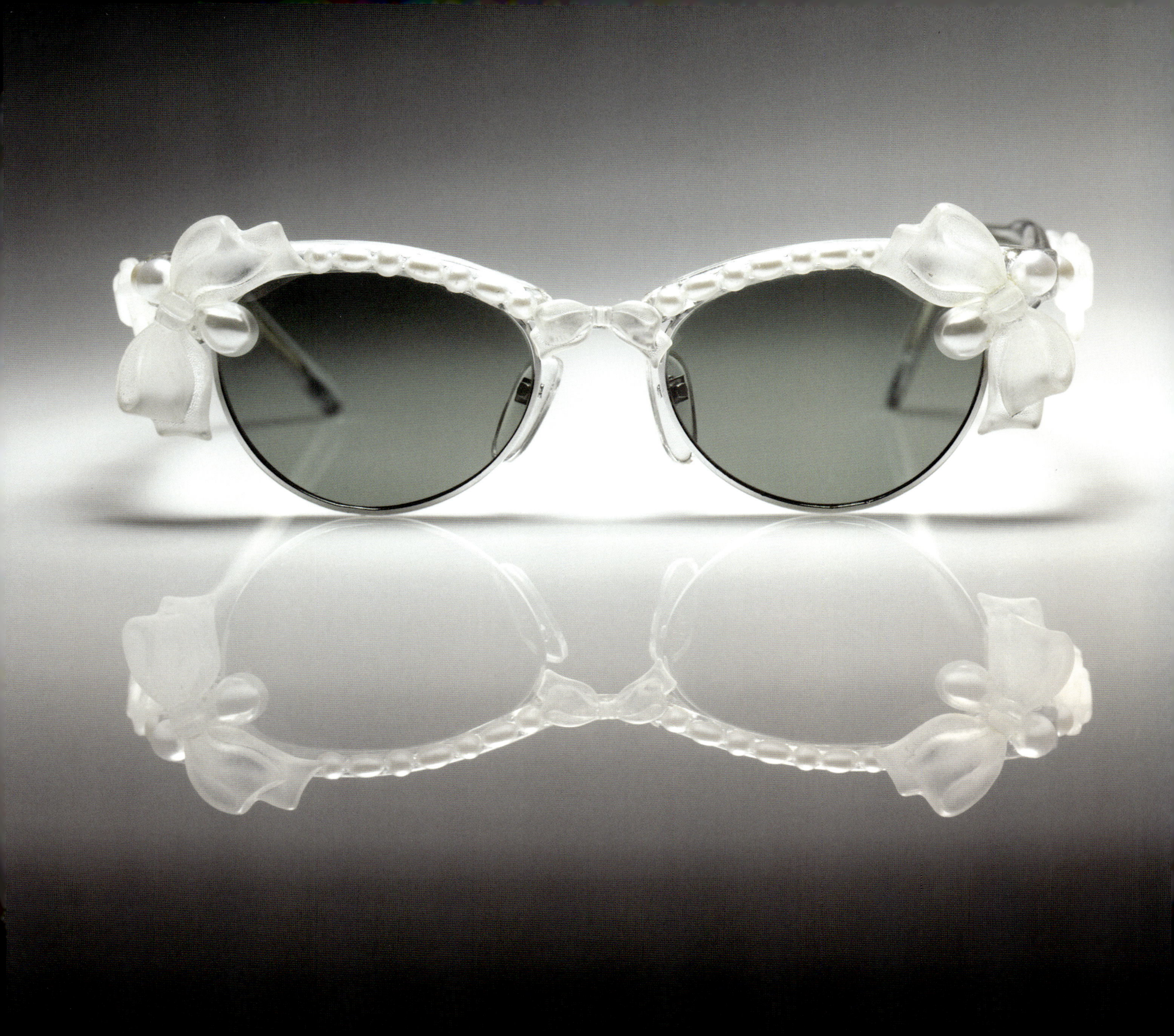

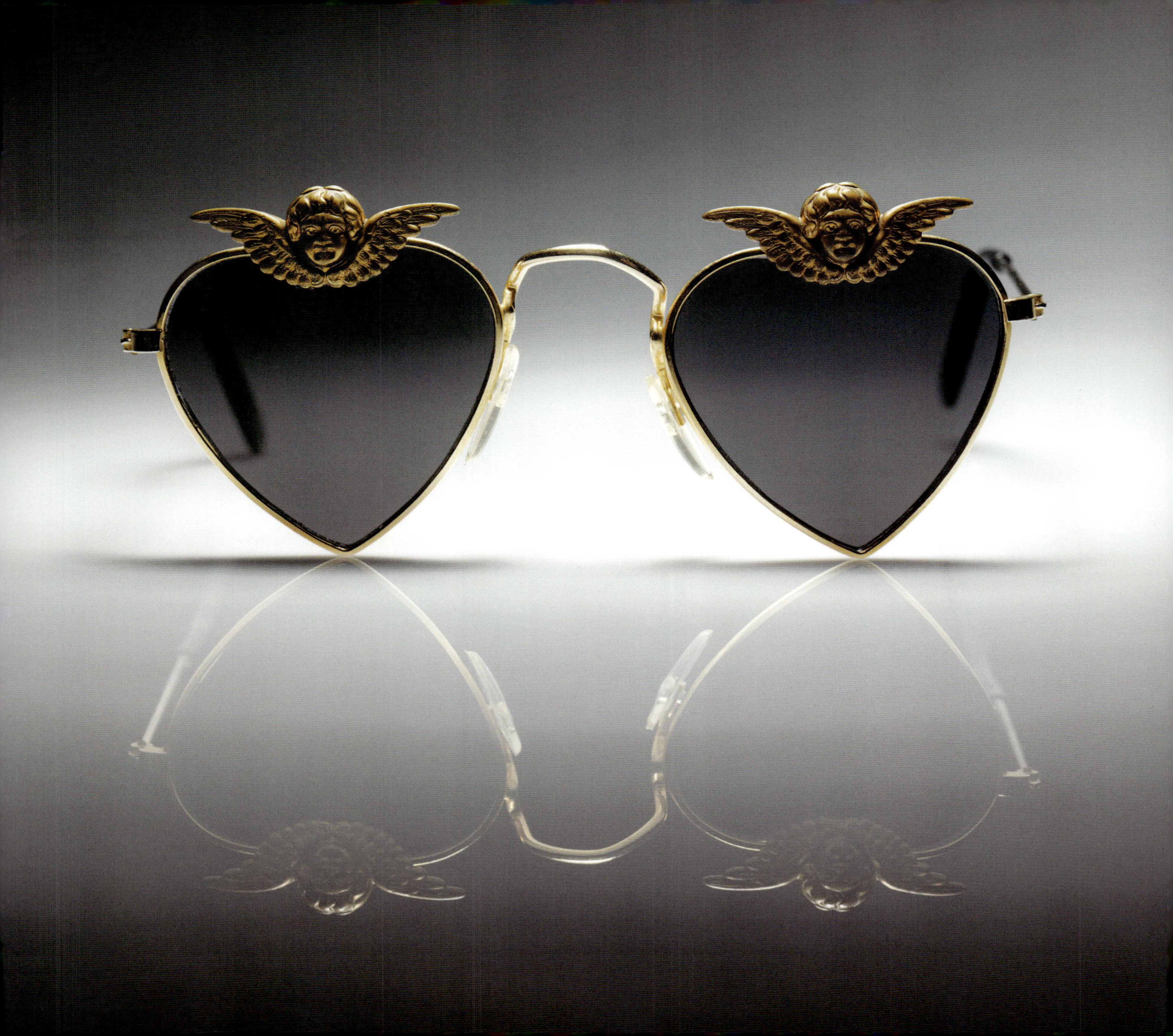

上：クリスチャン・ラクロワによる、クロームの複雑な細部装飾がついた金と黒のフレーム。フランス製。
前ページ：智天使がついたハート型のメタルサングラス。アメリカ製。

上：クリスチャン・ラクロワによる、花柄がプリントされた琥珀色のフレーム。フランス製。
次ページ：パロマ・ピカソによる、赤とピンク色のまだら模様のプラスチック製フレーム。フランス製。

1990 年代

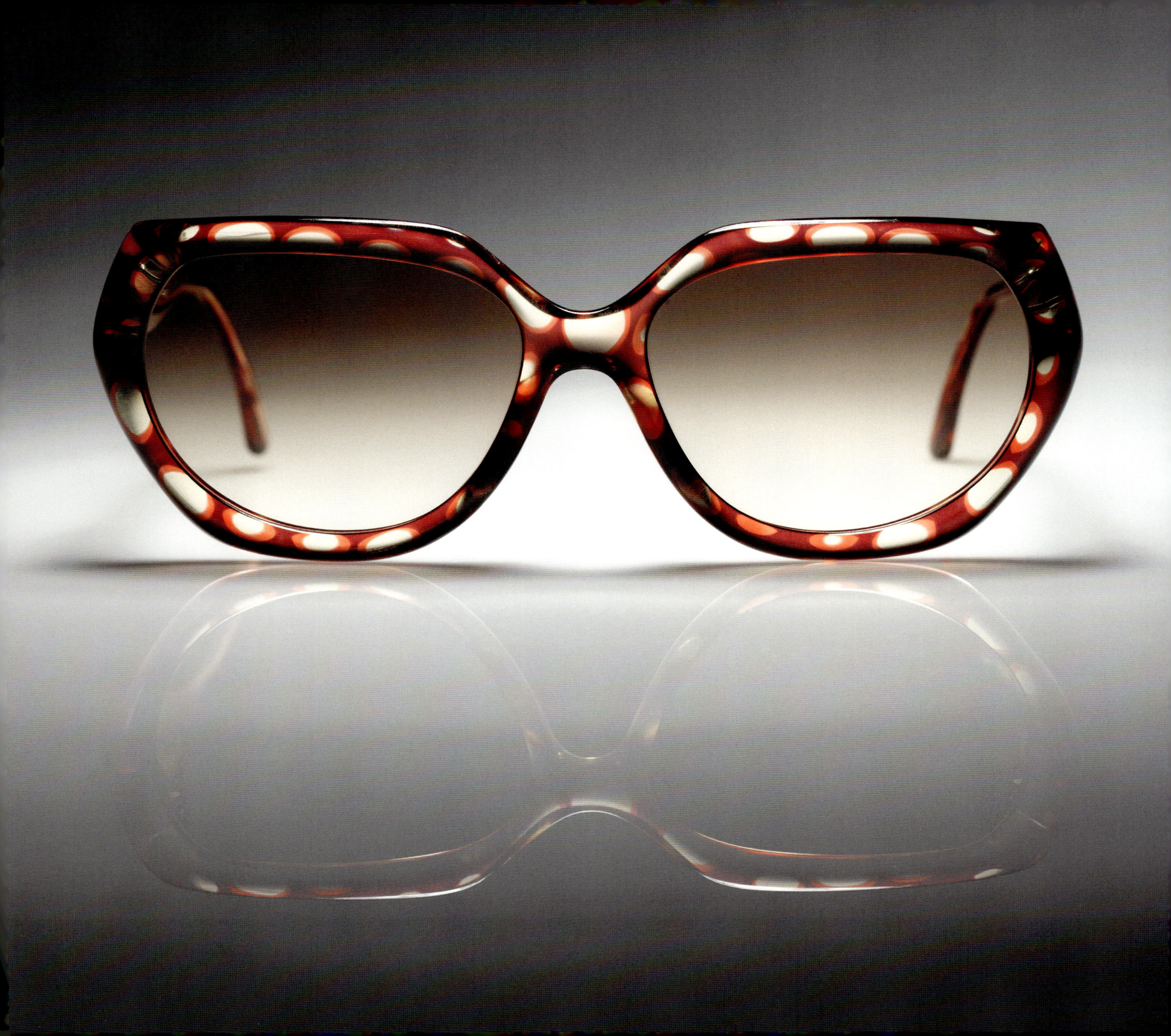

1990年代

上：ブガッティによる飴色の男性用コンビネーションフレーム。フランス製。
前ページ：日本、ニコン社製の青銅色のメタリック仕上げのアビエーター。

上：イギリス、アングロ・アメリカン社のローレンス・ジェンキンによる飴色と鼈甲風のユニセックスのフレーム。
次ページ：パロマ・ピカソによる、赤のメタル縁がついた1枚レンズのサングラス。フランス製。

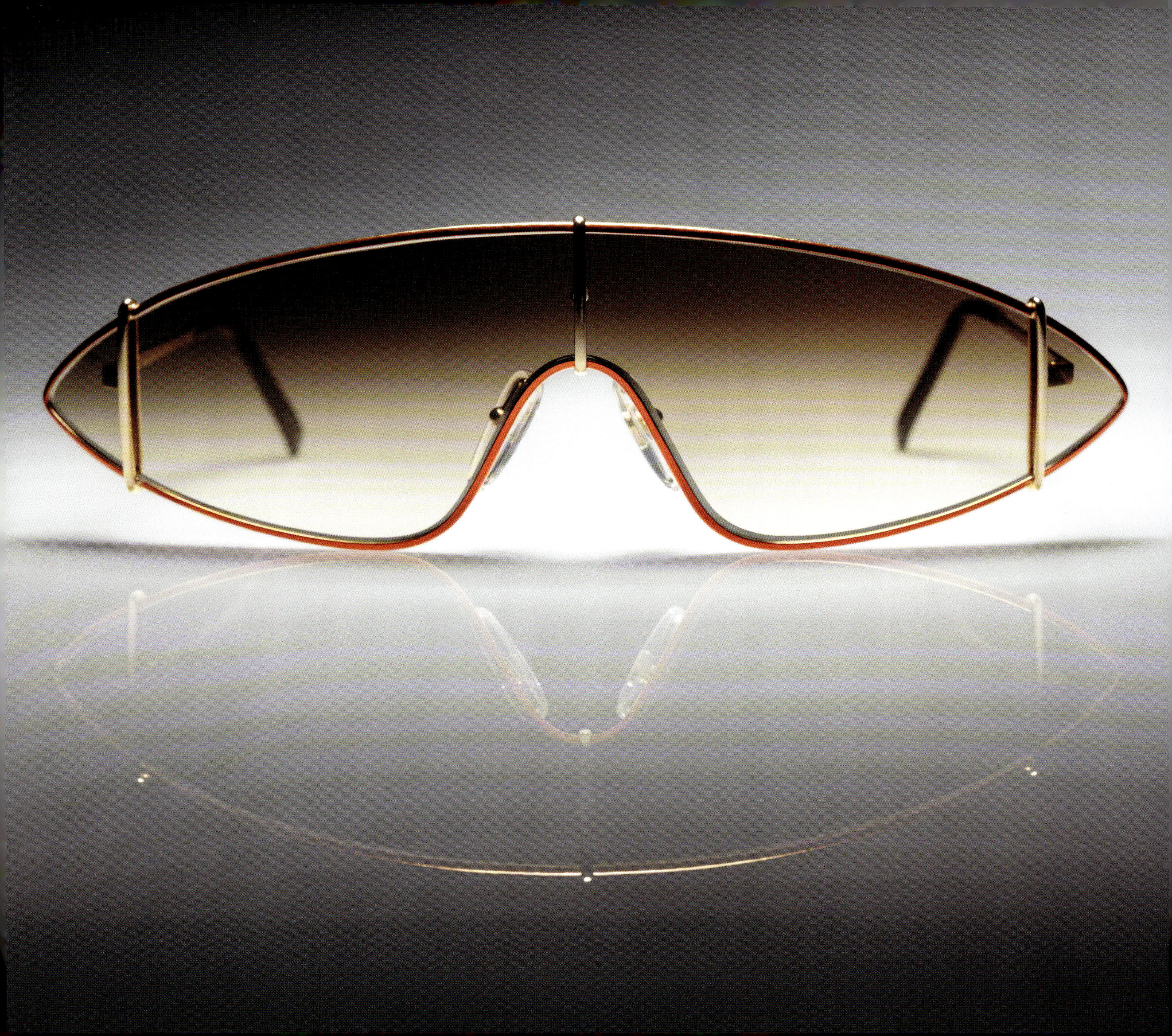

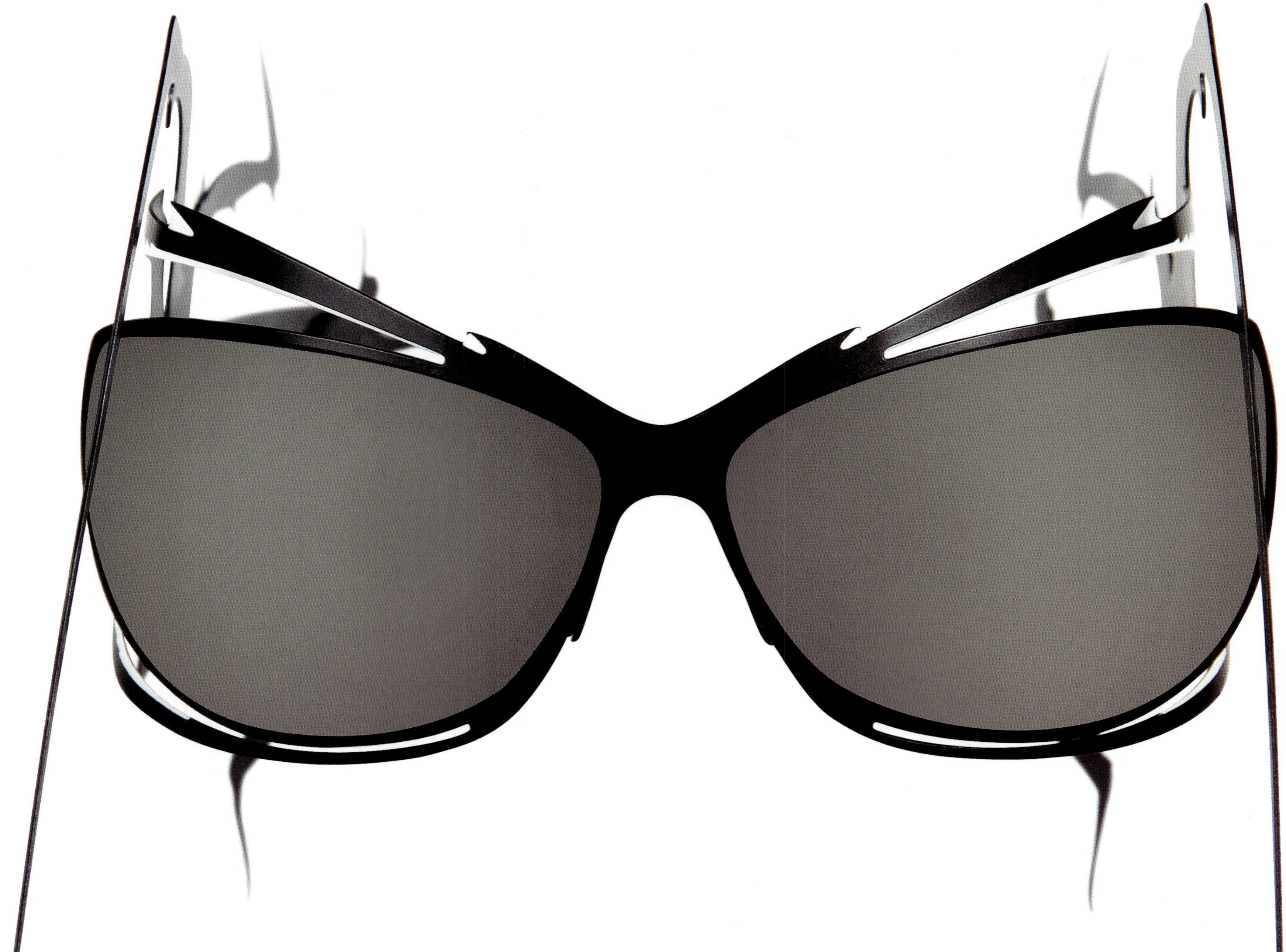

21 世紀以降

未来的ファッション

ファッションリーダーからファッションアイコン、眼科医、発明家に至るまで、大勢の人が過去数百年においてフレームデザインの進化に貢献してきたが、それらの人々を称えるように、21世紀のアイウェアには共同研究の精神が見られる。現在のコラボレーション人気によって、さまざまな相手との提携が行われるようになり、ファッションとアートと光科学の世界を結びつけている。たとえば、カトラーアンドグロスとファッションデザイナーのアーデム、ポラロイドとレディ・ガガ、そしてペルソールと数多くの世界的アーティストというように。新たなブランドが現れ、独自の斬新なスタイルを追求するにつれ、よいデザインの限界が試される。共同事業はしばしば、こうした動きの旗手となって、革新を促すのである。

　現代の消費者は、メガネのデザインと職人の技能に質の高さを求めるようになっている。メーカーの中には、自社の製品に磨きをかけ続けている会社もある。たとえそれがすでに完成の域に達した軽量フレームや割れにくいレンズだったり、ミニマリズムを突きつめたデザインだったりしても。かたや、レースで覆ったり、宝石をちりばめたり、凝った装飾を施したフレームを作って、芸術的作品を生み出す会社もある。このように美しくて奇抜なものはたいてい、高価か突飛なゆえに主流にはなれないが、レディ・ガガのようにメガネを自分のトレードマークにしているスターたちの領地は維持している。登場人物を創造する際にも、メガネは依然として大きな力を発揮している。ハロルド・ロイドが彼のグラスキャラクターの丸メガネを使ってコミカルな演出をしてから1世紀近くたっても、そのメガネのデザインがロイドのものに酷似しているハリー・ポッターのように、メガネは変わらず登場人物の外見を定義づけている。

　ビンテージスタイル、とくに20世紀後半のものは、現代のデザインに利用され続けている。アイウェアの試行的なデザインが最初に成功し、伝統からはずれた流行が現れたのは1960年代のことだった。この時代に出たメガネのスタイルは斬新なものが多いため、今日でも最先端のように見える。このことはとりわけ、ピエール・カルダンやアンドレ・クレージュといったデザイナーによる、宇宙時代のファッションからインスピレーションを得た未来的フレームにも当てはまる。その多くは、現代のSF映画の中でもまったく違和感がない。

　その後の数十年間には、あらゆる種類の不思議で奇抜なデザインが続いたが、デザイナーたちが独自のデザインを極限まで推し進めて、未来や未知の異世界的な好奇心をそそるイメージを生み出せるのは、やはり映画の中だった。そうしたスタイルは、映画『スター・ウォーズ』（1977年）や『エイリアン2』（1986年）で見られたような強力な視覚的メッセージや、しゃれた不朽のデザインなどを通じてたびたび実現されてきたが、しだいに技術も大きな役割を果たすようになってきた。たとえば映画『ミッション・インポッシブル』（1996年）では、主役がメガネのブリッジにつけた隠しカメラで標的を撮影するのだ。

　デザイナーがインスピレーションを求めて過去や未来に目を向けても、21世紀ではもはやブランドで人の目を引くことは難しい。消費者はイメージを次々と与えられ、マウスをクリックするだけでさまざまなスタイルを見ることができる。しかしながら、テクノロジーという分野においては、現代のアイウェアは新天地を切り開きつつある。デザイナーたちはメガネの機能面に目を向け、光学の問題に独自の解決法を打ち出している。必要に応じてスイッチを入れたり切ったりできる電動の自動焦点レンズを備えたメガネの試作品が、すでにデザインされている。デジタル式の双方向のデザインも研究されていて、聴覚障害者のために字幕を組み込んだり、目に障害のある人のために輪郭を明るく照らしたりするメガネだという。賞（オーパス・デザイン・アワード、2008年）を取ったフレームは、細部装飾が動いてレンズをきれいにするデザインになっている。

　自動焦点レンズは近い将来、アイウェアに最も大きな影響を与えることになるだろう。アダプティブ・アイケア社はその方面で先頭を行く会社で、アドスペックというメガネを生み出している。シンプルながらもきわめて効果的なつくりで、使用者が視力を正確に合わせられるようになっている。この自分で調節できるメガネでは、使用者がダイヤルを回し、レンズの形を変えることによって度数を変える。自己処方によってレンズの調整が終わると、調節器具をフレームから取りはずせばよいだけだ。この革新的なコンセプトは、発展途上国の人々の多くにメガネを初めて入手する機会を与えている。

　これと同様の進歩が多くの人々の生活の質を向上させるにつれて、光学界では、安くて自由に選べる読み取り機が新興市場に出回るのでは

ないかという懸念が広がっている。何百年も前に町の行商人が初めて売り出したものが、1920年代にウールワースの店によって広められたのと同じことにならないかという考えだ。しかしながら、視力を補正する方法がさらに進展して、もっと入手しやすくなると、真の"脅威"は医学界から生まれるだろう。アイウェアの専門家は、処方箋の必要なメガネがいらない世の中が現実のものになる可能性に直面するからだ。もし視力補正がごく普通のことになれば、メガネは機能的な役割を失い、純粋にデザインのよさを基準に選ばれることになる。そうなれば、新しい素材や巧みな製造技術が重視されるようになることはまず間違いないだろうし、メガネのデザイナーの役割はさらに大切なものになるだろう。だが、メガネにどんな未来が待ち受けていようと、確実なことが1つある。スタイルは、絶対に欠かせない要素であり続けるだろうということだ。

上：発展途上国用にデザインされた、自己処方のレンズ。
224ページ：フランス、パラサイト・オプティカル社による、未来的な彫刻のようなデザイン。

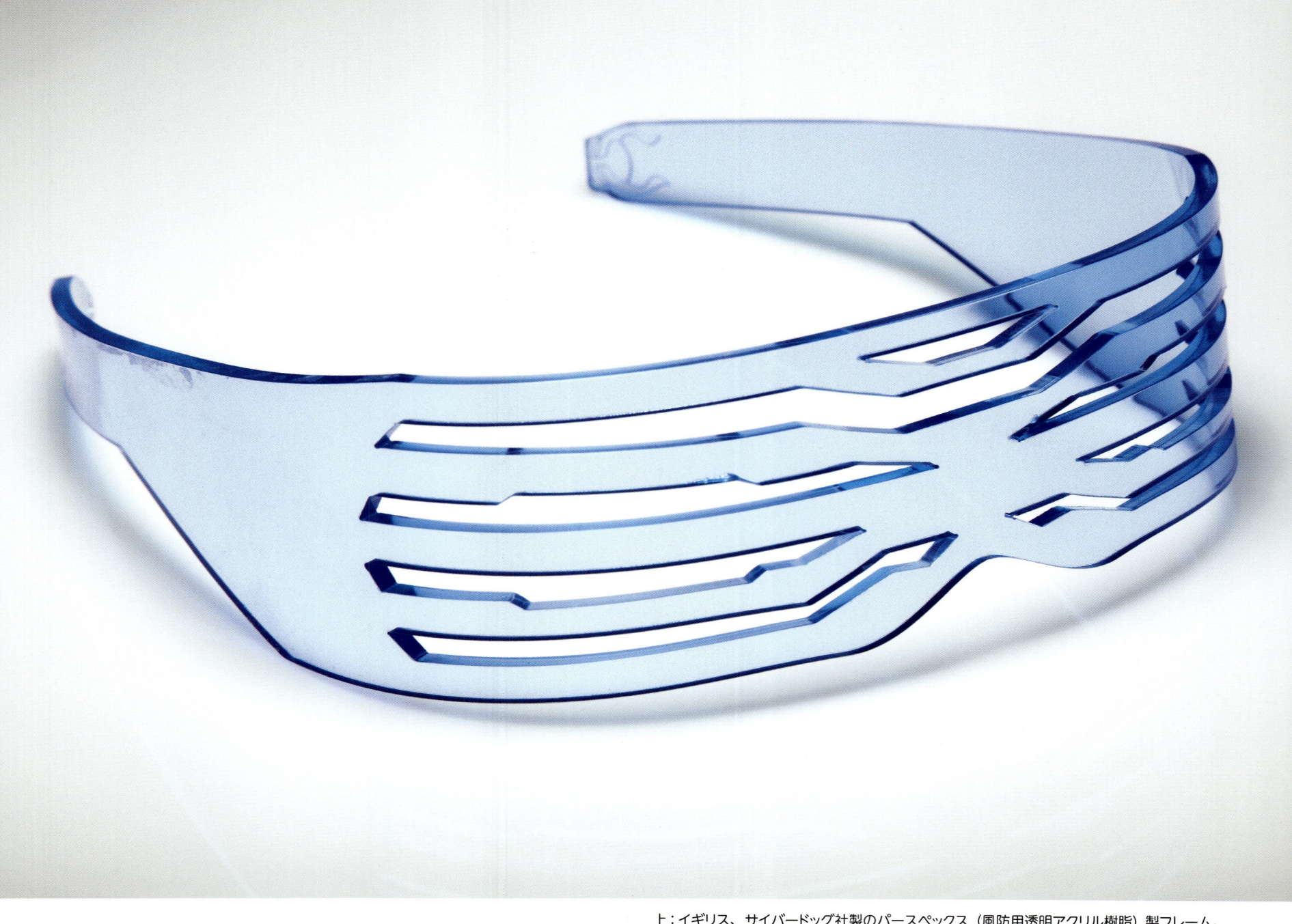

上：イギリス、サイバードッグ社製のパースペックス（風防用透明アクリル樹脂）製フレーム。
次ページ：イギリス、オンスペック・オンティック社製の、交換可能レンズがついた手作りのフレーム。

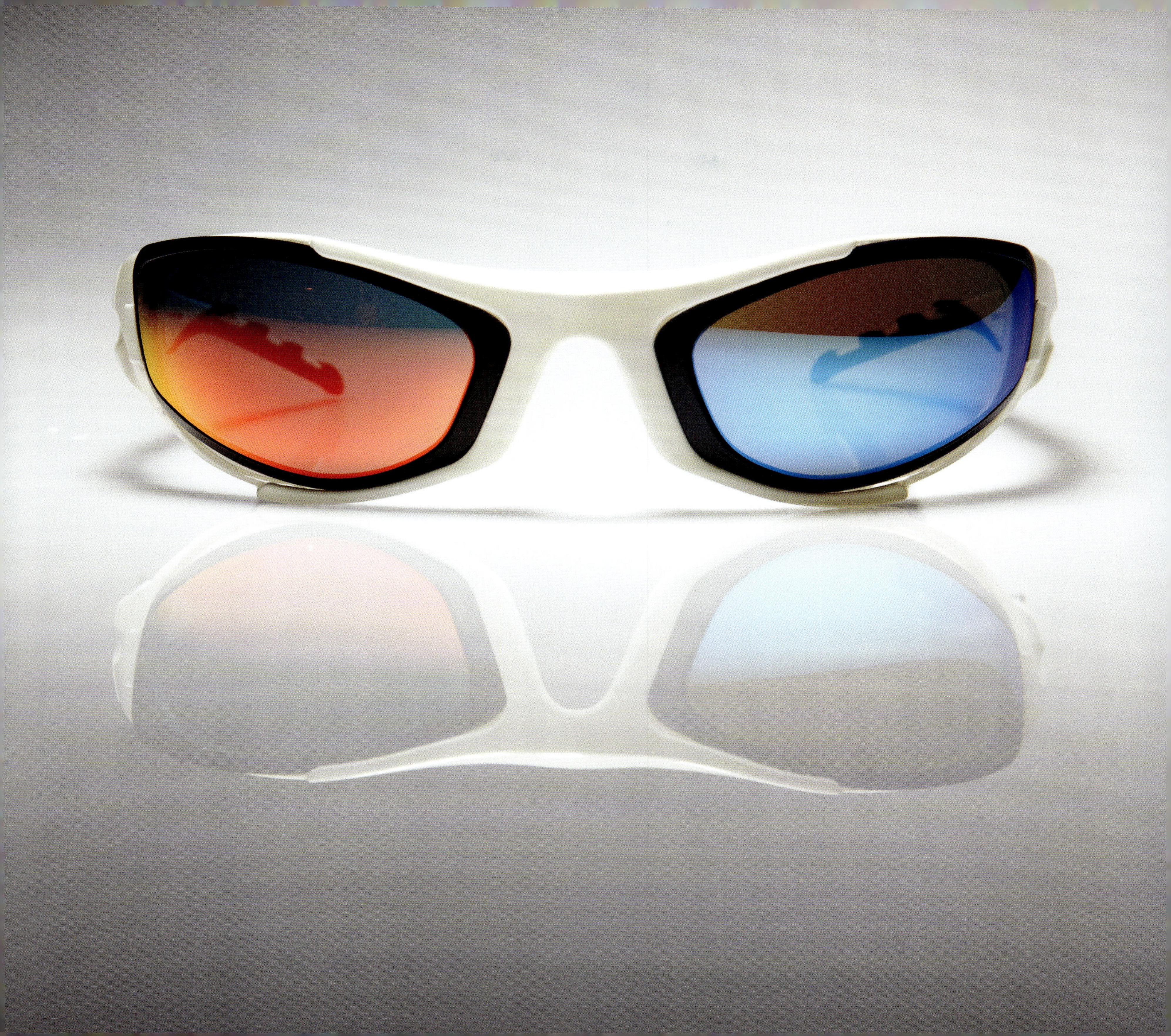

230　21世紀以降

上：1枚レンズがついた、射出成型による黒のプラスチック製フレーム。
次ページ：オリバー・ゴールドスミス社によるこの1960年代の
スペースバイザーのサングラスは、数十年たった今も未来的に見える。

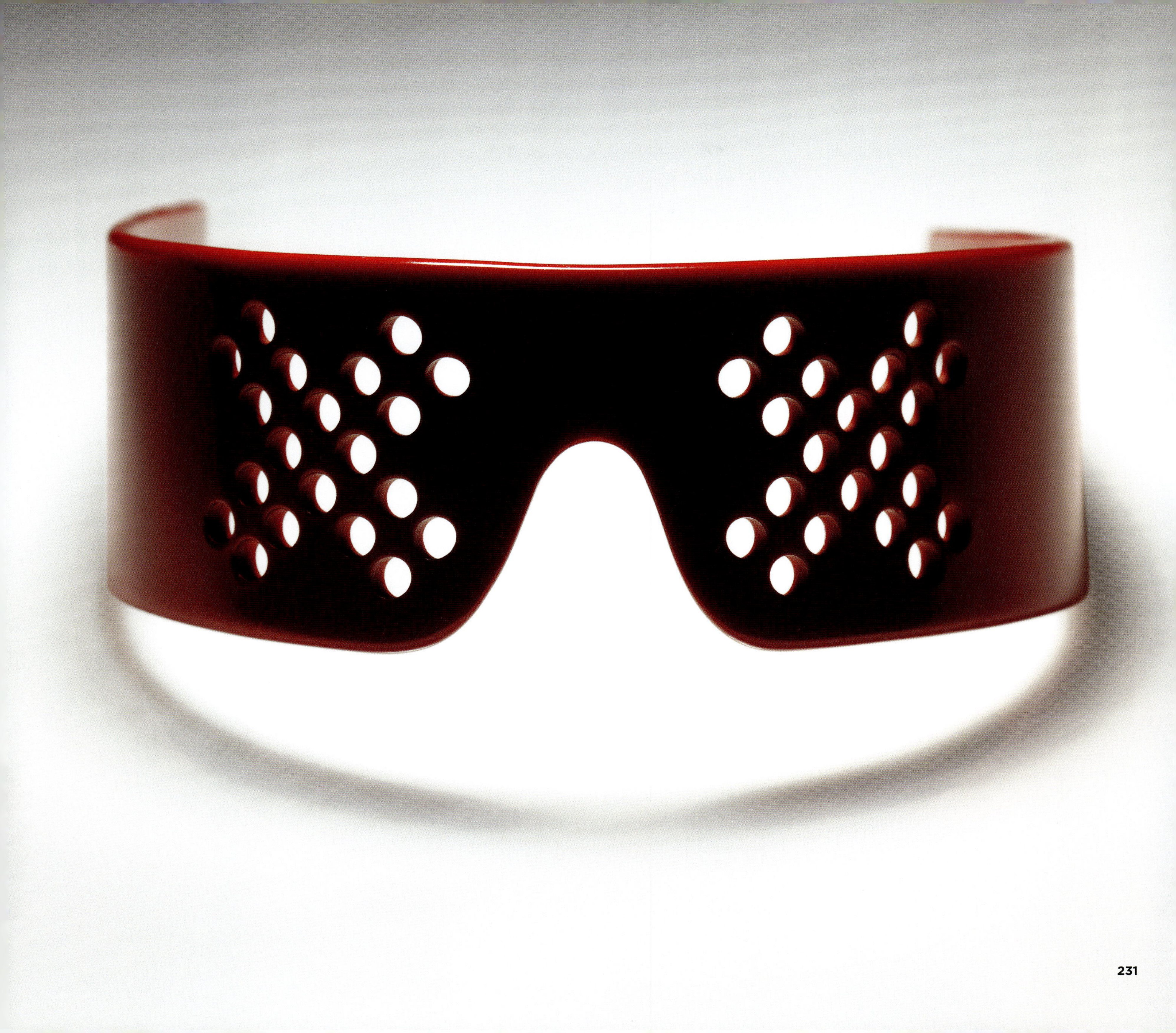

21 世紀以降

上：パラサイト・オプティカル社による未来的デザイン。フランス製。
前ページ：スティービー・ボーイによる未来的デザイン。アメリカ製。

写真で見るメガネ年表

1920-40

1940-50

1950-60

1960-70

1970-90

1990–

手入れと管理

　ビンテージメガネは繊細で、ダメージを受けやすい。わたしたちはレンズについて予想されるダメージ（ひっかき傷や、ひびなど）を抑えることばかり気にしてしまいがちだが、それ以外の目立たないダメージにも注意が必要だ。たとえば、サングラスによくあることだが、頭の上にメガネをのせると、メガネが広がってしまい、かけたときにおさまりが悪くなる。同様に、メガネは襟に押し込まないこと。プラスチックのフレームを日の当たるところや車の中に置きっぱなしにするのもよくない。熱で変形して形が崩れたりする。

　普通に着用したり、涙がついたりするのはしかたのないことだが、使っているうちにツルがゆるんできたと気づいたら、小さいドライバーを使って、ツルとフロント部分をつないでいるねじを締めること。ゆるんだツルをそのままにしておくと、メガネが顔からすべり落ちて、レンズがはずれるということになりかねない。

クリーニング

　ビンテージメガネのレンズがガラスでもプラスチックでも、クリーニングをする際には注意が必要だ。その方法は、メガネの汚れ度合いによる。もしメガネが汚れというほどではなく、くすんでいる程度なら、マイクロファイバーの布か柔らかいTシャツに水道水を数滴垂らして使うとよい。あるいは、メガネに息を吹きかけて湿らせ、柔らかいTシャツでふいてもかまわない。もっと汚れている場合には、低刺激の食器用洗剤を加えたぬるま湯を使おう。乾いたレンズをふくことは絶対にしないように（傷がつくので）。タオルやティッシュペーパーなどの素材も避けたほうがよい。できるだけ柔らかい布を選んで。

　メガネ用のクリーナーやスプレーも売っている。それを買って、ぬるま湯で洗うときに洗剤の代わりに使ってもよいし、乾いた柔らかい布に直接つけてもかまわない。また、ホワイトビネガーもクリーニング剤の効果がある。レンズに数滴塗って、柔らかい布でふき取ると、ビネガーの酢酸が汚れや顔の脂を分解してくれて、みごとにきれいになる。この方法なら、ほかのクリーニング剤よりも安上がりで、環境にも優しい。しかも不快な薬品臭や刺激もないという、いいことずくめだ。

　超音波のクリーニング機は、やや高価な選択肢だが、ヒンジやねじにこびりついた汚れを取り除くには申し分ない。指示どおりに装置に水を入れ、スイッチを入れるだけだ。超音波のエネルギー波が、強い振動と多数の小さな泡を作り出す。数分後、メガネの水気を切って、布でふく。

　フレームをクリーニングするときは、素材に適した方法を使うとよい。もし金属製であれば、ダメージを与えないように宝石用の研磨剤を使うこと。フレームの素材がわからない場合は、柔らかい布と水を使おう。歯ブラシと石鹸は、メガネの隅々や、鼻あてのまわりにこびりついた汚れを取り除くのに最適だ。ブラシを濡らして、石鹸をつけ、メガネを優しくこすり洗いしたら、すすいでおく。

保管

　メガネをきちんと保管することも大切なことだ。小さすぎず、大きすぎないハードケースにお金をかけることが、最大の防御策である。使用後、メガネをそのケースにしまわない場合は、メガネの近くに鍵のように尖って鋭いものがないか確認し、そして、絶対にレンズを下にして置かないこと。メガネのクリーニング専用に使っている布があるなら、それも、使わないときはケースに入れて、埃がつかないようにするとよい。

ビンテージメガネが見つかる場所

〈ウェブサイト〉
アメリカン・アパレル
http://store.americanapparel.net/eyewear.html

デビッド・アダムズ・アンティークス
davidadamsantiques.com

デッド・メンズ・スペックス・ビンテージ・アイウェア
deadmensspex.com

アイグラシズ・ウェアハウス
eyeglasseswarehouse.com

キングス・オブ・パスト
kingsofpast.com

ジ・オールド・グラシズ・ショップ
theoldglassesshop.co.uk

レア・ビンテージ・サングラシズ
rarevintagesunglasses.com

ビンテージ・アイウェア
vintageiwear.com

ビンテージ・サングラシズ
vintage-sunglasses-shop.com

〈光学見本市〉
アメリカ・ニューヨーク国際眼科見本市
visionexpoeast.com

イタリア・ミラノ国際眼鏡見本市（MIDO）
mido.it/index.php?lang=en

ドイツ・ミュンヘン国際メガネ・オプティクストレンド・デザイン専門見本市（OPTI）
opti-munich.com

イギリス・バーミンガム　オプトラフェア
optrafair.co.uk

フランス・パリ　シルモ
silmoparis.com

〈博物館〉
アムステルダム・メガネ博物館
Gasthuismolensteeg 7
1016AM Amsterdam, Netherlands
brilmuseumamsterdam.nl

ヴィーンハウゼン修道院
An der Kirche 1
29342 Wienhausen, Germany
wienhausen.de

ミュージアム・オブ・ビジョン
655 Beach Street, San Francisco
CA 94109, USA
museumofvision.org

カレッジ・オブ・オプトメトリスト
イギリス光学協会博物館
42 Craven Street
London WC2N 5NG, UK
college-optometrists.org/museum

オプティカル・ヘリテージ・ミュージアム
Southbridge, Massachusetts, USA
opticalheritagemuseum.org

イェーナ・オプティッシュ・ミュージアム
Carl-Zeiss-Platz 12
D 07743 Jena, Germany
optischesmuseum.de

〈ビンテージのマーケットとショップ〉
アイウェア専門のマーケットやショップは、まれにしかない。以下のセレクションは、アイウェアの店を網羅している。

アルフィーズ・アンティーク・マーケット
13–25 Church Street, Marylebone
London NW8 8DT, UK
alfiesantiques.com

アーカイヴ
Arch 67, The Stables Market
Chalk Farm Road, London NW1 8AH, UK
arckiv.net

バトルズブリッジ・アンティーク・センター
Muggeridge Farm, Maltings Road
Battlesbridge, Essex SS11 7RF, UK
battlesbridge.com

チャールズ・モサ・オプティシェン
Rue Alexandre Mari 10,
06300 Nice, France, and
Passage du Grand Cerf 10,
75002 Paris
pourvosbeauxyeux.com

アニーズランド　アイドレッサー
1564 Great Western Road
Glasgow G13 1HQ, UK
+44 (0)141 954 1777

ファビュラス・ファニーズ
335 E 9th St, New York
NY 10003, USA
fabulousfannys.com

ザ・ファンタスティック・アンブレラ・ファクトリー
4820 Old Post Rd, Charlestown
RI 02813, USA
fantasticumbrellafactory.com

ワイルド・ビンテージ
Carrer de Joaquín Costa 2
08001 Barcelona, Spain
wildestore.com

〈オンライン博物館〉
アンティーク・スペクタクルズ
antiquespectacles.com

オプティカル・ヘリテージ・ミュージアム
opticalheritagemuseum.org

ザ・ワーシップフル・カンパニー・オブ・スペクタクル・メーカーズ
spectaclemakers.com

〈レンタル〉
オンスペック・オンティック・アット・ファーリーズ・プロップス・ハイヤー
1–17 Brunel Road, London W3 7XR, UK
farley.co.uk

参考文献

Acerenza, Franca, *Spectacles*, Seven Hills Books, 1991

Acerenza, Franca, *Eyewear*, San Francisco: Chronicle Books, 1997

Corson, Richard, *Fashions in Eyeglasses*, second edition, London: Peter Owen, 1980

Crestin-Billet, Frédérique, *Collectible Eyeglasses*, Paris: Flammarion, 2004

Davidson, Derek C., and Ronald J. S. MacGregor, *Spectacles, Lorgnettes and Monocles*, Shire Publications, 2002

Evans, Mike (ed.), *Sunglasses*, London: Hamlyn, 1996

Goldstein, Margaret J., *Eyeglasses*, Minneapolis (MN): Carolrhoda Books, 1997

Phillips, Richard J., *Spectacles and Eyeglasses: their Forms, Mounting and Proper Adjustment*, London: Gutenberg Press, 1907

Piña, Leslie, and Donald-Brian Johnson, *Specs Appeal: Extravagant 1950s & 1960s Eyewear*, Atglen (PA): Schiffer Publishing, 2001

Riccini, Raimonda (ed.), et al, *Taking Eyeglasses Seriously: Art, History, Science and Technologies of the Vision*, Milan: Silvana Editoriale, 2002

Rosenthal, J. William, *Spectacles and Other Vision Aids: A History and Guide to Collecting*, San Francisco: Norman Publishing, 1996

Schiffer, Nancy, *Eyeglass Retrospective: Where Fashion Meets Science*, Atglen (PA): Schiffer Publishing, 1999

PICTURE CREDITS

p. 8 Courtesy of Polaroid/marketingzone.co.uk
p. 34 © John Springer Collection/CORBIS
p. 47 © Bettmann/CORBIS
p. 63 © Bettmann/CORBIS
p. 65 Courtesy of Condé Nast
p. 85 © Bettmann/CORBIS
p. 121 © Keystone Press/ZUMA/Corbis
pp. 122–23 Courtesy of the Advertising Archive
p. 151 © Sunset Boulevard/Corbis
p. 152 Courtesy of Silhouette
p. 176 Photograph by Fabrizio Ferri. Courtesy of the Advertising Archive
p. 178 Courtesy of Silhouette
p. 204 Courtesy of the *Radio Times*
p. 205 © Christophe d'Yvoire/Sygma/Corbis
p. 232 Courtesy of Rhea Elisia PR
pp. 224 & 233 Courtesy of Parasite/parasite-design.com
p. 240 Audrey Hepburn image © Sunset Boulevard/Corbis; Elton John image © Neal Preston/CORBIS; John Lennon image © Bettmann/CORBIS; all other celebrity images courtesy of Fraser's Autographs/frasersautographs.com, with thanks to Huw Rees

Designer glasses are from the collections indicated in the captions.

索引

ページ数が斜体になっているものは、写真のページ。

あ

アイガックス　13
アストン・マーチン社　*207*
アダプティブ・アイケア社　226
アッバース・イブン・フィルナス　9
アップル社マッキントッシュ　178
アディダス　176
アメリカン・オプティカル社　14, *23*, 86, 87, 122
アモール社　*86*
アラン・ミクリ　13, 153, 178, *198-99*, *214*
アリ・マッグロー　206
アルガ社　*53*, 66, 123, 152
アルティナ・シナシ・ミランダ　48
アルピナ　178
アレッサンドロ・デラ・スピナ　10
アングロ・アメリカン社　90, 123, 153, *155*, 176, *180-81*, *194-95*, *197*, *200*, *212-13*, *222*
アン・シェリダン　62
アンソニー・クイン　122
アンドレ・クレージュ　13, 150, 226
アーチャー&サンズ社　*36*
アーデム　226
イヴ・サンローラン　122, 150, *158-59*
イーディス・ヘッド　62, *63*, 120
ウィリアム・ビーチャー　14
ウィルヘルム・アンガー　150
ウィンストン・チャーチル　46
ウッディ・アレン　153
ウディ・ハレルソン　206
エットーレ・ソットサス　176
エドウィン・ランド博士　9, 48
エドワード・スカーレット　13
エドワード・メルカース　87
エマニュエル・カーン　150, 152
エミリオ・プッチ　123
エリック・クラプトン　152
エルヴィス・コステロ　176
エルヴィス・プレスリー　*151*, 152
エルザ・スキャパレリ　86

か

エルトン・ジョン　150, 153
オアシス　153
オジー・オズボーン　123
オプティカル・プロダクツ・コーポレーション　24
オプトリス社　*130*
オリバー・ゴールドスミス社　*7*, *12*, 87, 123, *134*, *143*, *144*, 153, *163*, 176, *177*, *179*, *194-95*, *196*, *231*
オルネラ・ムーティ　204
オンスペック・オンティック社　*19*, *20*, *32*, *41*, *43*, 178, *212-13*, *229*
オークリー　178
オードリー・ヘップバーン　*7*, 120, 123

カヴール伯爵　14, 28, 206
カザール　178
カトラーアンドグロス　226
カニエ・ウェスト　13, 178
カバーナ社　87
カルバン・クライン　204
カレラ社　150
ガンジー　153
ギャップ　204
クエンティン・タランティーノ　206
グッチ　10, 176
クリスチャン・ディオール　150, *156-57*, *169*, *174*, *193*, *194-95*, *208*, *210*
クリント・イーストウッド　153
クレア・ブース・ルース　48
クレア・マッカーデル　86, 150
グレタ・ガルボ　36, *47*, 122
グレース・ケリー　84, 87, 120, 123, *163*
クロード・モンタナ　*198-99*
ケイト・モス　206
ケリー・グラント　87

さ

サイバードッグ社　*228*
サイモン・マレー　178
サミュエル・ピープス　13
サルヴィノ・デイリ・アルマティ　10
サルバドール・ダリ　86

サー・ウィリアム・クルックス　36
ジェネラル・オプティカル社　*56*, *57*
ジェフ・ベック　152
ジェームズ・アスキュー　13, 35
ジェームス・ディーン　87
ジェーン・フォンダ　176, 178
ジャッキー・オナシス　6, 120, *121*, 150
ジャック・ニコルソン　7
シャネル　10
ジャン・コクトー　86
ジャン・パトゥ　*135*
ジャン・ポール・ゴルチェ　206, *212-13*
ジャン・レノ　206
ジャーヴィス・コッカー　206
ジュゼッペ・ラッティ　24, 48
ジュリー・クリスティ　122
小セネカ　9
ジョニー・デップ　*205*
ジョルジオ・アルマーニ　14, 28, 122, 206
ジョン・F・ケネディ　87
ジョン・ターリントン　13
ジョン・マカリスター　14
ジョン・マクレディ　46
ジョン・ヤーウェル　10
ジョン・レノン　123, 152-53
ジョージ2世　13
ショーン・コネリー　120
ジョーン・コリンズ　176
ジョーン・コールフィールド　62
シルエット社　150, *152*, *162*, *178*
シンディ・クロフォード　122
シンプル・マインズ　178
C・W・ディキシー&サン社　46
スティービー・ボーイ　*232-33*
スティーブ・エインズワース　36
スティーブ・マックイーン　120, 122, 153
スティーブン・スピルバーグ　178
スノードン伯爵　123
スパイス・ガールズ　124
セオドア・ハンブリン社　*46*
ソーラーレックス社　62

た

ダイアナ・ドース　87

ダイアナ妃　176, *177*
ダイアン・キートン　153
ダイアン・フォン・ファステンバーグ　150
ダグラス・マッカーサー元帥　46
ダスティン・ホフマン　206
ダニエル・クレイグ　204
ダンヒル　150
チャールズ1世　10
ツァイス社　*135*
T・レックス　153
デイブ・コックス　153, *212-13*
デヴィッド・ボウイ　153
デニス・ロバート　152
デビッド・ロイド・ジョージ　35
デビー・ハリー　176, 178
テリー・サバラス　152
トゥータル社　*64*
トム・クルーズ　176
トム・フォード　204
ドロンド&エイチスン社　14, *24*
ドン・キング　152
ドン・ジョンソン　176

な

ナイキ　204
ナウティック　152
ナポレオン・ボナパルト　6, 46
ニコル・アルファンド　*121*
ニコン社　*220*
ニューヨーク・ドールズ　153
ネイサンズ社　*16*
ネオスタイル　123, 152
ネリオ・ベルナルディ　*47*
ネロ　9

は

バスコ・ロンチ　9
バディ・ホリー　87, *147*, 153
パラサイト・オプティカル社　*224*, *233*
ハリソン・フォード　178
バレンシアガ　150
ヴァレンティノ　122
パロマ・ピカソ　*186-87*, *190*, *202*, *209*, *211*, *219*, *223*
ハロルド・ロイド　23-24, *34*, 226
バロン・フィリップ・フォン・シュトッシュ　14

バーニス・ペック　86
バーバラ・スタンウィック　62
バーバリー　204
ピエール・カルダン　150, *168*, *184-85*, 226
ヴィエナ・ライン社　*209*
ヴィクトリア女王　46
ビブロス　122
P・G・ウッドハウス　46
ピーター・セラーズ　122, 123, 153
ヴィヴィアン・ウエストウッド　13
ファビエン・ファビアノ　*22*
フォスター・グラント社　35, 36, 120, 122
ブガッティ　178, *221*
フューチュラ　150, *152*
プラダ　62, 204
ブリジット・バルドー　150
ブリジット・ライリー　122
ブリット・エクランド　123
プレイボーイ　150
ブロンディ　178
ペギー・グッゲンハイム　86-87
ペルソール　7, 14, 48, 122, 123, 136, 153, 176, *191*, 204, 226
ヘルメッケ社　*127*
ベンジャミン・フランクリン　14
ベンジャミン・マーティン　14
ボシュロム社　14, 35, 36, 46, 62, 120, *120*, 152
ポラロイド社　*8*, 48, *48*, 87, 226
ホルストン　150
ボーイ・ジョージ　176

ま

マイケル・ケイン　123, 147, 153
マイケル・セルコット　*194-95*
マイケル・セルコット・デザインズ社　*154*
マッドネス　176
マテル社　48
マドンナ　176, 178
マリリン・モンロー　84, *85*, 86, 120
マリー・クワント　120, *137*, 153
マルコ・ポーロ　9
マルセル・ロシャス　64
マルチェロ・マストロヤンニ　122
マーガレット王女　123

マーガレット・ドワリビー博士　86
ミア・ファロー　122
ミシェル・ラミー　*194-95*
ミック・ジャガー　123, 152
ミュウミュウ　62
メアリー・ホワイトハウス　120
メルキオル・シェルケ　13
メンフィス　176, 178
モナコ王妃グレース・ケリー　グレース・ケリーを参照

や

ヤードレー社　*62*
ユベール・ド・ジバンシィ　120, 150
UKオプティカル社　*67*
ヨハネス・グーテンベルグ　10

ら

ラクエル・ウェルチ　122
ランドルフエンジニアリング社　*172*, 205
ランバン　*160*
リアム・ギャラガー　153
リドリー・スコット　178
ルジェネ　48, 153
ルシル・ボール　48
ルックスオティカ社　120, 122, 153
ルー・リード　153
レイ・チャールズ　152
レイバン　46, 64, 120, 120, 123, 152, 153, 176, *188*, *194-95*, 206
レイモンド・スティグマン　87
レオナルド・デル・ベッキオ　122
レディ・ガガ　226
ロキシー・ミュージック　153
ロジャー・ベーコン　9
ロセル　84
ロード&テイラー　48
ローレンス・ジェンキン　90, 153, *180-81*, *200*, *204*, *222*
ローレンス&メイヨー社　*40*

著者：
サイモン・マレー（Simon Murray）
過去25年間で集めたメガネのコレクションは膨大な数を誇る。本書に取り入れられたメガネとサングラスのいくつかは、時代物のドラマ、映画、CMなどのためにオリジナルにデザインされたものである。また、『バットマン』『インディ・ジョーンズ』などの映画や、ショーン・コネリー、トム・クルーズなどのスターにメガネを提供している。

ニッキー・アルブレッチェン（Nicky Albrechtsen）
衣装デザイナー。ロンドン、ブリックレーンにあるビンテージ・リソース・スタジオの経営者。インスピレーショナルなビンテージ服を衣装デザイナーやテキスタイルデザイナーに提供している。著書に『The Printed Square』、共著に『Scarves』（いずれもThames & Hudson）がある。

翻訳：
井口 智子（いぐち ともこ）
大阪外国語大学外国語学部第二部英語学科卒業。訳書に『美しい肌の本質』『Vogueメイクアップ百科』、共訳に『フローラ』（いずれもガイアブックス）など。

Fashion Spectacles Spectacular Fashion
ファッションメガネ図鑑

発　　行　2013年10月15日
発 行 者　平野　陽三
発 行 所　株式会社 **ガイアブックス**
〒169-0074 東京都新宿区北新宿 3-14-8
TEL.03（3366）1411　FAX.03（3366）3503
http://www.gaiajapan.co.jp

Copyright GAIABOOKS INC. JAPAN2013
ISBN978-4-88282-879-2 C0077

落丁本・乱丁本はお取り替えいたします。
本書を許可なく複製することは、かたくお断わりします。
Printed in China

本書で取り上げたメガネとサングラスの大半は、サイモン・マレーの個人コレクションから選りすぐられたものだ。オンスペック・オンティック社創立者の彼は、過去25年間にメガネを集めに集めた。その多くは、時代物のドラマ、長編映画、演劇、コマーシャルなどで使われている。多数あるオリジナル・フレームのいくつかは、主要登場人物のために特別にデザインされ、手作りされたものである。

本書に掲載されているメガネの中には、『ミッション・インポッシブル』、『フック』、『インディ・ジョーンズ』、『ハリー・ポッター』などの著名映画に登場したものも多くある。本書はそうしたメガネを楽しく鑑賞しながら、20世紀と21世紀のメガネにおける流行の変遷を考察することができるようになっている。